人生一世，终归尘土。

就算有 100 年光阴，

也不过是历史长河中的涟漪。

因此，人要活得正直和真诚。

无论遭受多大考验，

只要视真诚为道路上的灯塔，

绝望也能锻炼我。

——朴槿惠

女人是水，但也是最坚硬的冰

——朴槿惠给女孩的忠告

魏　颖◎著

中国商业出版社

图书在版编目(CIP)数据

女人是水,但也是最坚硬的冰 / 魏颖著.
—北京:中国商业出版社, 2016.8

ISBN 978-7-5044-9439-9

Ⅰ.①女… Ⅱ.①魏… Ⅲ.①女性-成功心理-通俗读物
Ⅳ.①B848.4

中国版本图书馆 CIP 数据核字(2016)第 113600 号

责任编辑:姜丽君

中国商业出版社出版发行
(100053 北京广安门内报国寺 1 号)
010-63180647 www.c-cbook.com
新华书店总店北京发行所经销
三河市三佳印刷装订有限公司印刷
*
710×1000 毫米 1/16 开 16 印张 220 千字
2016 年 9 月第 1 版 2016 年 9 月第 1 次印刷
定价:35.00 元
* * * *
(如有印装质量问题可更换)

序 言

绝望中盛开的木槿花

对韩国人民来说，2013 年 3 月 25 日是一个历史性的时刻。这一天，他们迎来了一位新总统——朴槿惠。

这个坚忍平和的女人，在传统男权主导政坛的背景下，成为韩国第一位女总统，带给人们强烈的震撼。她有着温婉的笑容、忧国忧民的家国情怀，和传奇的人生经历。

9 岁那年，她随父亲朴正熙入住青瓦台，成为韩国第一公主，并在那里度过了无忧无虑的童年和懵懂青涩的少年时代；

22 岁，母亲陆英修遇刺身亡，她匆匆结束短暂的法国留学生涯，来不及悲伤便接替母亲代行“第一夫人”的职责；

27 岁，父亲朴正熙被暗杀，在饱尝亲人离世之苦的同时，她带着弟弟妹妹不得不离开青瓦台，淡出了公众的视野……

1997 年，韩国爆发金融危机，45 岁的朴槿惠决定重返政坛。她加入大国家党，再次开启政治生涯，这个“没有父母，没有丈夫，没有子女”的“三无女人”要拯救这个国家！

随后，她带领大国家党推动党内民主化、改革政治、严厉打击腐败、大力发展经济，赢得了大多数韩国人的支持，直至 2013 年成功当选韩国第 18 任总统。

可以说，朴槿惠的前半生充满了悲剧色彩，但是她并没有倒下去，父亲坚忍不拔的意志、振兴韩国的情怀和母亲的善良、博爱都在她身上留下了深深的印记。她在痛苦的蛰伏中知道了什么是政治、什么是权力，也学会了如何处理国家大事。

经历了六十年的沉浮和磨练，昔日的“冰公主”成长为当今韩国政坛的“铁娘子”，朴槿惠终于王者归来，像木槿花般绽放出最自信的神采。

“冰，是坚硬万倍的水，结水成冰，是一个痛苦而美丽的升华过程。”朴槿惠，这个尝遍人世艰辛的女子，即便在人生中最灰暗的日子，也没有忘记笑对生活。她以亲身经历告诉我们，厄运和苦难并不可怕，人生最糟糕的局面是你深陷囚笼，却无法完成一场绚丽的突围。

生活不可能如你想象的那么好，但也不会如你想象的那么糟。人的脆弱和坚强都超乎了自己的想象。有时，你可能脆弱得一句话就泪流满面；有时，也发现自己咬着牙走了很长的路。做自己的主宰，为人生出谋划策，你就能成就非凡的自我。

要想征服世界，首先要征服自己的悲观。朴槿惠说：“人活着不是为了证明苦难，而是亲历过黑暗，才配拥有光明。”你愿意拥有玻璃心，但现实里没有城堡。对女人来说，人情冷暖都是必须学会的功课。像朴槿惠那样，不做生活的逃兵，即使风雨兼程也要勇往直前，那么人生就会变得更有希望和生机。

朴槿惠没有父母，没有丈夫，没有子女，国家是她唯一希望服务的对象。她是嫁给韩国的女人，也是这个时代真正的巨人。追随朴槿惠的脚步，领略她绚烂的人生，你会明白一个道理：做内心强大的女人，并且执着和善良，就不会被苦难、压力、伤害击倒。

目 录 Contents

第一辑　苦难辉煌：你受的苦，会照亮你未来的路

“人活着不是为了证明苦难，而是亲历过黑暗，才配拥有光明……多年来，我忍受了无数的背信弃义。那是一段非常苦涩的经历，也是人生给我的宝贵教训。”

第二辑　坚守本色：“冰公主”不做少女做女人

“人生一世，终归尘土。就算有100年光阴，也不过是历史长河中的涟漪。因此，人要活得正直和真诚。无论遭受多大考验，只要视真诚为道路上的灯塔，绝望也能锻炼我。”

第三辑 独立自主：做自己的主宰，为人生出谋划策

“我没有家庭需要照顾，没有子女继承我的财产。国民就是我的家人，国家就是我唯一服务的对象。”

第四辑 涅槃重生：所有失去的都以另一种方式归来

“人活在世上，难免会经历坎坷或吃亏，也有可能经历背叛，这些都是无法逃避的。就像这天气，不可能永远风和日丽。冷热交替，严寒酷暑，这些都是正常的。”

第五辑 勇挑重担：别低头，王冠会掉

“最大的敌人其实是自己，只有战胜了自己，才意味着战胜了自己的弱点。只有做到了这一点，才能在与他人的竞争中胜出，不会让自己被他人束缚。”

第六辑 面向未来：你的人生需要一场绚丽的突围

“人一生的追求是什么呢？……我们在死亡之前，不妨仔细考虑一下，人死后能够留下什么？思考清楚后，我们就会设定正确的目标。”

第七辑 上善若水：女人是水，但也是最坚硬的冰

“冰，是坚硬万倍的水，结水成冰，是一个痛苦而美丽的升华过程。”

第八辑 感恩孤独：成长，永远是一个人在场

“不管在什么地方做什么事情，上帝都在注视着我们。如果能记住这一点，那么我们的人生就会变得更加完美。”

第九辑 奋斗一生：努力到无能为力，拼搏到感动自己

“宝石和时装并不是女人必备的物品。当然有则更好，然而在拥有这些东西之前还有必备的东西。真正使女人变得美丽的，恐怕就是坦率的语言、端正的举止以及贤淑的心灵。”

第十辑 学会包容：宽容的心，才能装下宽广的世界

“我们要感谢生活中那些轻蔑你的人，正是他们的轻蔑和嘲讽，才让你有勇气证明自己的实力，创造辉煌的未来。”

第十一辑 淡定优雅：无论何时都要做一个恬静的女子

“不管世事如何变化，不管我们深陷何种境地，我们唯一能做的事情，就是加强内心的修养，学会做人的道理，并通过身心来践行。只有这样我们才能到达人生的终点。”

第十二辑 幸福哲学：关于爱情这件事

“真正的幸福生活并不是万事如意的，而是不管遇到什么困难，我都要坚强地挺过去并重新站起来，在逆境中成

长，使逆境转祸为福，让我们获得更好的成长，飞向远方。”

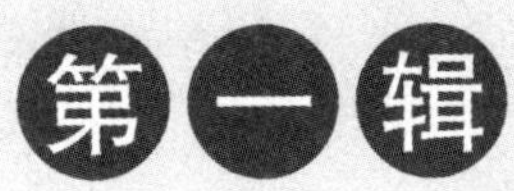

第一辑

苦难辉煌：你受的苦，会照亮你未来的路

“人活着不是为了证明苦难，而是亲历过黑暗，才配拥有光明……多年来，我忍受了无数的背信弃义，仿佛站在悬崖尽头般岌岌可危。被曾经信赖的人背叛让我看清了人对权力和欲望的执迷。那是一段非常苦涩的经历，也是人生给我的宝贵教训。”

女人如花，笑看生活的猝不及防

在这个地球上，每天都上演着各种各样的灾难。这令人唯恐避之不及的厄运到底会落在谁的头上，没有人能够说清楚。如果厄运降临，你要清醒地知道，自己不过是众多不幸者中的一个。因此，面对磨难不必哀怨，学会平静地接受，及时调整人生航向，自然容易摆脱成长的烦恼。

童年的朴槿惠尚不知道什么是痛苦，9 岁的时候便随同父母住进了韩国总统官邸青瓦台，过上了无忧无虑的生活。读大学的时候，她选择了西江电子工程系，希望以后能够成为一名电子工程领域的专家。大学毕业后，又远赴法国继续深造。

本来，朴槿惠在法国的生活是非常惬意的。但是，这样的日子没有维持多久，厄运就降临了。当一个女孩子正朝着梦想一步步接近的时候，痛苦却悄然而至，那种心碎是常人难以想象的。

1974 年 8 月 15 日，是韩国光复 29 周年纪念日。按照惯例，政府当局会在国立剧场举办隆重的庆祝大会。当天，韩国总统朴正熙和夫人陆英修共同出席了庆祝大会。

然而，正当总统致辞的时候，一名年轻男子突然从观众席中闯到主席台上，拔出手枪向总统射击。由于事发突然，正在演讲的朴正熙显然没能反应过来，当他意识到危险后便立刻躲到讲台后面，身边的警卫也迅速掏出手枪还击。这就是震惊全国的“8·15”惨案。

当人们都在四处逃窜的时候，只有陆英修一人坐在椅子上一动不动。朴正熙发现夫人没有躲避，大喊着救人，让警卫人员帮助陆英修撤离现场。在一阵混乱中，警卫人员终于将罪犯制服，惊慌的观众也逐渐回到现场。朴正熙再次走上讲台，按捺着慌乱的心情把纪念辞念完。庆典结束后，朴正熙面无表情地将陆英修散落在四周的鞋子和手包捡起，匆匆离开现场。

陆英修被人救出来后，便被迅速送往医院。在长达5个多小时的救治中，她因伤势过重，最终遗憾离世。听到妻子去世的消息，朴正熙把自己困在家中的卫生间里，久久不愿出来，他无法接受这一事实。而此时的朴槿惠正在外地，接到寄宿阿姨的电话，在断断续续的声音中她似乎读出了一种不祥的预感。

强烈的不安紧紧包裹着朴槿惠，虽然她不知道究竟发生了什么，但明白事态一定非常严重。匆匆收拾好行李之后，她急忙赶到机场，办理登机手续的时候，无意中在一张报纸上看到了一则新闻，标题上清楚地写着“暗杀”两个字。朴槿惠急忙拿起报纸，第一页便是母亲被刺身亡的消息。“母亲去世了？”朴槿惠不相信自己看到的新闻，心脏似乎停止了跳动，泪水像决堤的海水倾泻不断。

归国后，朴槿惠通过电视看到了母亲被刺杀的画面，顿时心如刀绞。这个柔弱的女子肝肠寸断，泪水也流干了。但为了告慰母亲的在天之灵，她没有继续沉浸在悲痛之中。让母亲安心地走完最后一程，让母亲知道女儿是最坚强、最勇敢的，朴槿惠默默告诫自己，毅然接受了眼前残酷的事实，选择坦然面对。

朴槿惠心中十分清楚，此时此刻不是懦弱胆怯的时候。父亲正面临着前所未有的挑战和危险，母亲的意外过世给她带来了沉重的打击，如果这个时候自己也一蹶不振，伤痛欲绝，只会给父亲徒增烦恼。于是，她选择了坚强面对。

天有不测风云，人有旦夕祸福，很难预测下一刻会发生什么。对朴槿惠这种身在特殊家庭的人来说，在享受他人羡慕的荣光与特权的时候，同样要承受外界难以想象的压力与痛苦。

每个人都无可避免地要与至亲的人离别，亲人离世带来的打击是无比沉重的，人在这种情况下会产生震惊、伤心、愤怒、自责等情绪。有的人沉浸其中，一蹶不振，颓废地度过下半生；而有的人却能够控制好情绪，化悲愤为力量，成就更辉煌的未来。

得知母亲陆英修被刺身亡的消息之后，朴槿惠感觉整个人被掏空，陷入了巨大的悲痛之中。但是，悲伤只能摧毁人的意志，却无法给人走出困境的力量，这个坚强的女子面对厄运没有选择自暴自弃，而是振作精神，选择好好活下去。

朴槿惠以亲身经历告诉我们，厄运并不可怕，可怕的是你没有战胜它的勇气。母亲去世，令人心如刀割，但是她以大局为重，考虑家人的心情，强忍着悲痛振作起来。在自传中，朴槿惠这样回忆那段艰难时刻："我决心振作起来，并告诉自己活着的人要继续下去，因为忙碌的蜜蜂是没有时间悲伤的。"

内心强大的人，无论遭遇外界怎样的嘲讽，遇到多大的困难，都不会被轻易打倒。换句话说，他们在心理层面达到了一定的境界，因此总能在挫折、危机面前挺过来，令人折服。内心强大的人意志坚定，不论遇到多大的诱惑或挫折都能淡定处之，依然固守着内心那份信念。

人生多艰难，厄运来临不必闪躲，因为躲也躲不掉。直面挫折与痛苦，它会帮助你成长。当你用智慧与勇气抗衡苦难的时候，人生便会更加精彩，并获得更加深远的意义。

痛苦是成长的伙伴

成长的轨迹就如同播种稻谷一般，从培育种子、插秧、生长，一直到最后结下沉甸甸的稻穗，是一个变化的过程。一个人的成长如果从未经历过风浪，从未有过痛苦，那么一生将是平淡无奇的，这样的日子有什么值得回味和留恋呢？

没经历过痛苦的人很难理解幸福的来之不易。从某种意义上说，痛苦一直都是成长的伙伴。人生最甜蜜的欢乐，便是最忧伤的果实；人生最纯美的东西，是从苦难中提炼出来的。对经历着痛苦的人来说，用一颗感恩的心面对眼前的一切，人生会多一份从容和洒脱。

丧母之痛刚刚消散，朴槿惠人生中的第二次痛苦又接踵而至。1979年10月27日凌晨，还在睡梦中的朴槿惠被一阵急促的电话声吵醒，她下意识地觉得有什么事情要发生。在电话中，她得知父亲被情报部长金载圭暗杀了。这简直是一个惊天霹雳，朴槿惠的身体瞬间僵住了，她不敢也不愿意相信父亲已经永远地离开了。

噩运总是不期而至，朴槿惠已经记不清当天晚上自己是怎么熬过去的，只记得那天的宁静像一只巨兽一样紧紧包围着自己。一开始，朴槿惠只是感觉到一阵阵寒意袭来，接着不由自主地打起了寒颤。一个人受到巨大打击，是哭不出来的，这个柔弱的小姑娘在那晚亲身感受到了这一点。

天终于亮了，朴正熙的遗体被送回青瓦台，安置在五年前停放母亲遗体的屏风后面。朴槿惠走过去，紧紧抓住了父亲早已经失去温度的手。老人看起来是那么安详，好像睡在美梦里。由于极度悲伤，朴槿惠渐渐失去了意识，晕倒在父亲身边。

再次醒来的时候，弟弟和妹妹已经围拢在身边，一家人陷入到巨大悲恸中。弟弟因为哭声太大而用手捂住了嘴巴，妹妹则不停地默默流眼泪。看到伤心欲绝的亲人，朴槿惠伸出双臂紧紧抱住他们。她很清楚，作为弟弟和妹妹唯一的依靠，她必须坚强，不能让他们丧失信念。

朴正熙的遗体被安置在青瓦台的接见室里，按照韩国九日丧的习俗举办丧礼。从丧礼当天开始，大批民众前来吊唁，队伍排到了景福宫围墙的外面，青瓦台内外都笼罩在肃穆的氛围中。

虽然承受着巨大悲痛，但是朴槿惠知道自己必须撑住场面。白天，她隐藏起内心的悲伤，打起精神迎接吊唁的人们；到了晚上，她因为伤心过度久久无法入睡，胸口像被钉进了一颗大钉子，疼得几乎不能呼吸。

处理父亲的衣物时，朴槿惠看到了那件血衣，巨大的悲伤瞬间袭来。短短五年间，母亲和父亲相继去世，而且都是死于令人无法接受的暗杀。那天，她留着泪清洗了沾满父亲血迹的衣物，也度过了比死更艰难的时刻。

一个月以后，朴槿惠料理完父亲的后事，带着弟弟妹妹离开了青瓦台，回到新堂洞的家，毅然扛起了生活的重担。面对生活中的不幸和痛苦，有的人会选择逃避，有的人会选择迎难而上，坦然接受。朴槿惠没有软弱的理由，她不仅要照顾好家人，还要为未来的人生筹划。

在父母不在的日子里，三个人就像失去庇护的雏鸟，孤零零地面对暴风骤雨的打击，开始独自面对以后漫长的人生道路。一时间，姐弟三人都陷入了焦虑与无助中：朴槿惠每天被痛苦压抑着，吃不下、睡不着；原本活泼开朗的妹妹天天睁着无神的眼睛沉默着；以前最喜欢说笑的弟弟也变得沉默寡言了。

虽然远离了政治，但是朴槿惠却从未忘记自己的使命。她深受父亲政治思想熏陶，在离开青瓦台之后依然密切关注韩国政治，平日里不忘学习，等待着一个报效祖国的时机。

生活就像一个充满未知的魔盒，永远会带来意想不到的挫折与打击，一次次的苦难与折磨，并不是任何人都能够有勇气面对，并从中成长。朴槿惠的一生注定了要与痛苦相伴，她没有被厄运扼住喉咙，反而在痛苦中磨砺自己，迅速地成长起来。

挫折给人带来痛苦，同时也带来机遇，如果一个人懂得知难而上，勇往直前，必然能杀出一条血路，闯出自己的一片天。朴槿惠正是在痛苦中摸爬滚打，矢志不渝，才成就了非凡的自我。

从朴槿惠的身上可以看到，个人暂时的磨难在漫长的一生中显得微不足道。她为了国家，毅然再次投身到政治熔炉中，为的正是心中对祖国诚挚的热爱。也正是这种强烈的爱国情怀带给她勇气和力量。

痛苦是最好的老师，不经历风雨，怎能见彩虹？没有人能够随随便便成功。人不可能一辈子衣食无忧，顺风顺水，我们总要学着自己长大，痛苦是人生最好的伙伴。显然，一个人只有经过风雨的洗礼，才能成为真正的勇士。

痛苦能够让人成长，是人生的伙伴。当你直面痛苦，用自己的智慧和力量与之抗衡的时候，就能收获不一样的人生。

接受生活的礼物，不论好坏

与大多数人相比，朴槿惠的一生都在与痛苦相伴。仿佛就在一夜之间，所有的快乐都消散得无影无踪，迎面而来的是无尽的痛苦和折磨。面对生活给予自己的东西，朴槿惠没有选择拒绝，而是勇敢接受了这份礼物，不管它是好是坏。

在朴正熙去世还不到一个月的时候，首尔保安司令全斗焕发动了“双十二政变”，把当时的总统崔圭夏赶出青瓦台，然后独揽大权。继任总统全斗焕为了划清界限，在韩国全国范围内掀起了一股批判朴正熙独裁统治的风潮。

朴槿惠曾经天真地以为，随着时间的流逝，生活会恢复到往日的平静，但是现实却并不是她想象的那么简单。在接下来的日子里，人们对这位韩国前总统的批判日嚣尘上。

当时，媒体指责朴正熙是独裁者，甚至说因为这种错误的施政理念，导致某些国家禁止他出访。这些负面报道令朴槿惠非常痛苦，她不明白为什么明明父亲做了那么多利国利民之事，却得不到人们的理解。

为了避免更多的诽谤，朴槿惠和弟弟、妹妹不敢在父母的忌日公开祭奠。整整六年的时间里，姐弟三人都没有公开举行过追悼父亲的仪式，仅仅在新堂洞的家里祭拜，过着异常低调的生活。

离开青瓦台后，朴槿惠终于明白，为什么母亲生前一直要求姐弟三人谦虚为人。因为在青瓦台这个韩国的权力中心，谦虚是保护自己最基本的要求。陆英修知道权力的巨大力量，所以生前努力克制自己，以谦虚谨慎的性格为丈夫朴正熙提供了许多帮助。朴槿惠也明白政治的危险性，不愿继续留在权力的漩涡中与人勾心斗角，只希望从此过上普通人那种平凡安定的生活。

可以说，接下来是一段黑暗的人生岁月。朴槿惠坦然接受了一切，只求顺利度过眼前难捱的日子，让自己和家人生活得更好一些。面对苦难，你无法逃避，更无法装聋作哑，只有迎难而上，才能承受这份生活的馈赠。

年纪轻轻的朴槿惠过早地承受了各方面的压力，脸上很难看到笑容。外界说她是“冰公主”、“冰雪女王”，由此给韩国民众留下了不够亲民的形象。但是，她并没有抱怨这种胡乱定位，而是默默选择了接纳。

中国古代哲学家老子提出了辩证法，“祸兮福之所倚，福兮祸之所伏”。遭遇人生困境的时候，换一种心态去面对，也许就能够看到不一样的风景。眼前的磨难和困苦，何尝不是天将降大任之前的磨砺呢？

父母先后去世让朴槿惠受到沉重打击，身体状况每日愈下。但是她并没有沉沦下去，而是开始学习丹田呼吸法，不但身体渐渐有了好转，内心也平静了许多。这套呼吸法一直陪伴朴槿惠多年，成为她修身的良方。

苦难会带来悲伤和眼泪，但是也给我们提供了磨砺心志的难得机会。失明的人，用耳朵倾听曾经错过的美妙音符；失恋的人，可以有更多时间与朋友和家人相处。这个世界上没有完全糟糕的事情，是喜是忧完全取决于一个人的心态。

在朴槿惠看来，很多女人容易被挫折击垮，对生活失去信心。面对失意和打击，应该问问自己的心，究竟想要什么。不妨趁此机会给自己放个假，去看看外面的世界，在拓宽视野的同时重新认识人生。在远离韩国政坛的那段日子里，朴槿惠走访了韩国的山川古迹，在旅行中排解内心的苦闷，在自然风光里体味人生的真谛。显然，这段回忆是金钱无法换来的，也是苦难给予的一段人生财富。

生活是一位智者，赐予你各种礼物；无所谓好与坏，完全在于你如何看待它们。人们往往认为危机会带来危险、失败、痛苦和绝望，然而与之相伴的也有机会与希望。有智慧的人不会自暴自弃、怨天尤人，而是转变心态，用包容的胸怀接纳生活馈赠的一切。

一个不争的事实是，生活充满了种种遗憾，无法尽善尽美。维纳斯虽然断臂了，但是却成了举世闻名的艺术作品。也有艺术家尝试着复原她的双臂，结果从来没有成功过。真正完美的事物是根本不存在的，过于苛求就是和现实过不去，给自己找麻烦。

每个人都会有完美的幻想，所不同的是，一部分人认识到完美是根本不存在的现实，而另一部分人则成为完美幻想的奴隶，并被其绑架而整天烦闷不堪。实际上，我们会成为怎样的人，完全取决于自己的内心，如果一直在不完美的现实中追求完美，那无异于缘木求鱼，自寻烦恼。

如果人生处处完美，那么生活又有什么乐趣可言？不完美正是生活的精彩之处，因为不尽如人意所以才会孜孜以求，力图做到更好；因为不完美，所以才有了完整与残缺的对比，从而更加珍惜生活中的美好。世界上没有绝对的好与坏，过度的苛求只能带来消极的不良情绪，正确面对残缺才是最为明智的生活态度。

在漫长的人生路上，有的人能抓住机会大展拳脚，而有的人却与机遇失之交臂。区别在于前者学会在痛苦中蛰伏，默默迎接转机，而后者只知道自怨自艾，丧失了一切重头再来的机会。请牢记，只有坦然接受生活的好与坏，你才有资格撑起头顶的一片天。

人情冷暖都是你要学会的功课

失去了总统女儿的光环，朴槿惠再也不是那个高高在上的公主，放佛一夜之间变成了人人厌恶的“丑小鸭”。那些在父亲生前极力讨好的人，也都消失得无影无踪，更不用期望他们能站出来说一句公道话。

有一天，朴槿惠在一家酒店遇到了父亲生前手下的一位官员。看见故人，她十分高兴地上前打招呼。但令人意外的是，那位官员非但没有说一句话，反而像陌生人一样，面无表情地从旁边走过去，甚至没有正眼看一下朴槿惠。经过这次遭遇，朴槿惠终于明白了这个社会的现实和冷漠。

朴正熙过世后，社会各界对他的责难一直没有停止。作为前总统的女儿，朴槿惠背负着巨大的压力，在困境中不断遭受人情冷暖的折磨。被最信赖的人抛弃，承受莫名的非难和伤害，一个小姑娘确实有点儿吃不消。

在巨大的压力下，朴槿惠看不到任何希望，陷入了进退两难的境地。在她面前，似乎有一堵高墙挡住了去路，而身后又是万丈深渊。当时，朴槿惠岌岌可危，稍有不慎便会粉身碎骨。

在巨大的折磨中，朴槿惠选择远离政治，让自己尽量放松身心。然而，即便这么做了，生活却并未恢复平静。此时，原本和睦的家庭也出现了矛盾。

弟弟因为吸毒被多次传唤，多才多艺的妹妹也和自己势不两立，朴槿惠再次遭受重创。或许是由于母亲和父亲相继去世，妹妹受到了严重伤害，已经与以往判若两人。这段黑暗的岁月让朴槿惠饱受煎熬，以至于后来回忆说，如果有再次重来的机会，她更愿意选择死亡。

一时间，父母的离世、亲人与朋友的疏远，带给朴槿惠沉重的精神打击。此时，她就如同自己所说的那样："我没有父母，没有丈夫，没有子女，国家是我唯一希望服务的对象。"

亲人和朋友的背叛给朴槿惠带来了无尽的痛苦，也让她更加清楚地认识到这个社会的现实。在人情冷暖的不断历练之中，她变得异乎寻常谨慎，不再轻易相信任何人，像刺猬一样将自己武装起来。

朴槿惠将自己封闭起来，不主动与人交流，虽然见到任何人都是冷冰冰的样子，却不卑不亢。或许，这就是人情冷暖教会朴槿惠的生存哲学。

在人情冷暖中，朴槿惠明白了许多道理。她清醒地意识到，活着的人要像勇士一样面对各种打击，承受各种背叛，依然勇往直前。厄运降临以后，虽然带来了痛苦，但同时也提供了一次检验人心的机会。家庭与人际关系的变故，让朴槿惠看清楚了身边每个人的真面目，明白了谁是真正的朋友。

虽然外界的非难令人沮丧，但是朴槿惠仍然不忘自我鼓励："无论受到多大的考验，只要与患难为友，把真诚作为前行道路上的灯塔，那么到最后绝望也会锻炼我。"

女人如水一般柔韧，生性温婉的女孩面对突发事件往往失去理性判断，如果再缺乏坚强的意志，就容易倒下去。勇敢的女人如朴槿惠一样，在世态炎凉中变换自己的形态，并积攒力量准备搏击，即使面对磐石也能将其滴穿。

学会感恩，才能学会坚强

在经历一连串的不幸之后，朴槿惠过上了隐居生活。她逐渐淡出公众的视野，开始品尝生活的乐趣。在这段隐居时光中，她爱上了中国文化，并开始尝试学习中文。

借助EBS教育电视台开设的中文教学栏目，朴槿惠坚持每天学习中文。与此同时，她还安排时间外出旅行。来到韩国江原道端宗的葬身之地，她体会当年主人公的凄苦心情。行走在松林间，她感受到从未有过的轻松舒适。在乡间的小路上，迎面走来的是朴实憨厚的村民，他们正拿着农具要去田间干活，看着他们淳朴的微笑，朴槿惠感到内心舒畅。

在轻松愉快的交流中，朴槿惠被村民邀请到家中做客。好客的大妈们端上一碗面条，虽然简单，但是却非常可口。吃过面条后，朴槿惠感激地说:“谢谢你们的款待，但是我没有什么可以回赠，等下次来的时候一定给你们带上礼物。”

大妈们并不在意，只是说：“不用不用，不过是多加了一双筷子而已。”当朴槿惠转身告辞时，一位老奶奶赶忙跑了过来：“姑娘，我一眼就认出你是谁了，你和你母亲陆英修长得一模一样。她做了那么多善事，我们永远都记得她。”

在过去几年里，朴槿惠一直都过着压抑的生活，此时听到温暖人心的话语，身心顿时被融化了，眼泪瞬间倾泻而下。面对生活中的变故和磨难，她早已忘记了痛苦和仇恨，现在留在心中的只有感激。在回忆录中，朴槿惠这样写道：“我的身边有许多关爱我的人，我想那一定是父母在天上保佑着我们。我应该感谢这些人，常怀感恩之心。”

作为一个女人，朴槿惠是多情的，也是善良的。这帮助她赢得了友谊，淳朴的民众们时常带来一些特殊的礼物，比如西瓜、马铃薯、鱼干等。这些礼物虽然并不昂贵，但在朴槿惠的眼里却价值千金。

有时候，大家还会写一些小卡片寄给朴槿惠，用一句句简单的问候和关心温暖这个苦命的孩子，让她忘记烦恼，感受到人间的真情。

感恩让一个女人变得更加美丽，因为常怀感恩之心，所以能从日常生活的点滴中体会到快乐。人生在世，虽然会碰上许多不顺心的事，但是如果让消极情绪蒙蔽了心灵，日子就会变得绝望和枯燥。而当我们用感恩的心面对一切，就能拥有坦荡的心境和开阔的胸怀，怀抱着善意，播撒善心，自然容易赢得回报。

自始至终，朴槿惠从来没有怨恨命运。当弟弟萎靡不振、颓废潦倒时，她不离不弃，陪伴左右，终于帮助他历经痛苦折磨后开始了新生活，重新堂堂正正地做人。

懂得接纳既成的事实，坚强地承受眼前的一切，让朴槿惠的人生充满了彩色的光芒。不为过去掉眼泪，只为明天展笑颜，这是多么令人肃然起敬的优秀品质啊！朴槿惠的故事告诉我们，生活就像一面镜子，你对它笑，它就对你笑。许多事实无法改变，你只能改变自己的态度，接受生活给予的一切。战胜悲伤，感恩那些在阴雨天出现的缕缕阳光，你会发现，生活依旧如此美好。

中国有句俗语：“宝剑锋从磨砺出，梅花香自苦寒来。”意思浅显易懂，一个人若要获得成功，就必须经过不断的磨练。印度诗人泰戈尔也曾经说过类似的话，“只有经过地狱般的磨练，才能享受天堂般的温暖。”

大凡有所成就的人，获取成功都不是一蹴而就的，都要经过一番难以想象的磨练。对今天的女性来说，生活中经常遭受不公正待遇。面对重重阻挠与无奈，决不能自暴自弃。选择坦然面对，迎接苦难的砥砺，自然能在涅槃之后重生。

朴槿惠的一生也同样经历过千锤百炼，甚至还遭受过生命威胁。但是面对接踵而至的困难，她从未低下过高傲的头颅，而是昂首挺胸，将这些磨难当成人生的必修课，以感恩的心态去面对，最终迎来了新生。

学会感恩是一种美德，也是一种智慧。朴槿惠用一颗感恩的心，打开了她与韩国民众之间的大门，从而获得了亲民的形象。感恩，让她在面对诸多的政坛险恶时能够轻松应对，理性处理。一颗感恩心，带来高尚的人格、善良的品性，不但能够唤醒你内心的真善美，也能够感染周围人的心灵。

遇到困难的时候，懂得感恩的人总会有人愿意伸出援助之手，在痛苦时总会有人为你送去欢乐。感恩，让社会充满了爱。学会感恩吧，感谢每一个出现在你生命中的人，他们带给你喜乐和忧伤，让每天的生活变得丰富多彩。

忍耐是冰层下的火苗

在绝望的日子里，朴槿惠用忍耐对抗冷漠，显示了强大的韧性。当时，她没有支持的力量，孤身一人只能选择在沉默中隐忍。孔子曰："小不忍则乱大谋。"今时今日的忍，正是为了明日的成。忍是一种积蓄，一种修炼，更是一种智慧。面对他人的非难，昔日朋友的冷漠，亲人的背叛，势单力薄的朴槿惠在默默忍受中积蓄力量，才有了日后的迅速崛起。

1982年，朴槿惠担任岭南大学理事长，但是由于学校政治运动圈的反对，最终放弃了这个职务。她没有选择抗争，因为这是徒劳的。慎重考虑之后，朴槿惠选择了忍耐。显然，如果此时不自量力地选择抗争，不会得到什么结果，反而不如在沉默中等待时机。

后来，朴槿惠代替母亲担任了育英财团理事长的职位，希望能够把母亲生前的事业继续做下去。接着，她在儿童会馆里盖起了花园和亭楼等极具韩国特色的建筑，目的是让韩国的孩子有一个可以学习韩国传统礼仪的地方。

1990年，朴槿惠把育英财团董事长的位置让给了妹妹。外界猜测，这是由于家庭争端引起的。对外，朴槿惠否认了这些猜测，她说"之所以把育英财团交给妹妹，是因为相信她有这个能力，而且自己还有更重要的事情去做。"

离开育英财团后，朴槿惠迎来了新的人生，她终于可以过上安静闲适的生活了。在接下来的日子里，朴槿惠开始认真写日记，偶尔还会写诗歌，抚平内心的创伤。此外，她还涉足文学、佛经和哲学，由此发现了一种与过去截然不同的生活方式。

不去对外抗争，在隐忍中修行，朴槿惠的内心变得更加从容，同时也领悟了生活的真谛。现在看来，曾经的苦难不过是过眼云烟。在日记中，朴槿惠这样写道："用对的方式活下去才是真正有价值的人生。人生最重要的不是金钱和名誉，更不是权力。"

"穷则独善其身，达则兼济天下"，陷入人生低谷以后，朴槿惠选择了隐忍。她沉下心来，过上了隐居的日子。

沉住气的人可以把难熬的寂寞、怨愤、艰辛强压在心底，不使心灵的天平倾斜；他们相信寒冰终能解冻，春天必会来到，暴风雨过后的天空更加美丽。倔强的心灵在低调中熬炼，坚强的意志在忍耐中生成，强大的爆发力在静默中积蓄。

女人是感性的，容易情绪化。在某些艰难时刻，如果你能沉住气，即使面对人生的无奈也能守住阵地，迎接新的转机来临。反之，遇事沉不住气，甚至情绪失控，则不利于保持内心淡定。

人生在世，一步一步向前走，其实就像爬山一样，当你筋疲力尽地爬到山顶，以为接下来就是平坦大道，也许出现在眼前的是一片沼泽。难道因为害怕就不走了吗？不，请继续坚定地走下去。沉住气，继续忍耐一时，前面有更美的景色在等着你。

福楼拜曾经对学生莫泊桑说："天才，无非是长久的忍耐！努力吧！"高耸的丰碑、辉煌的业绩都诞生于忍耐之中，生命的负债往往正是生命辉煌的开始。当你陷入痛苦的深渊又无法扼住命运的咽喉时，要心平气和地接纳当下所处的弱势，然后发愤图强，争取早日冲破牢笼。

西方有一句谚语，"沉默是金，雄辩是银"，朴槿惠深谙此道。一个人只会滔滔不绝地演讲还不够，做一个脚踏实地的实干家，才能真正有所作为。她坚信，力量需要在黑暗中积聚，火苗必在忍耐中孕育。

坚决为自己的一言一行负责，你会得到更多信任和理解。生活中，一些善辩的女人寸理必争，可是真到了关键时刻，却哑口无言。缺乏厚重的生命底色，做人就失去了力量，无法赢得外界的认可。与其做一个言行不一的人，倒不如沉默下来，忍耐一时，厚积而薄发。

即便前面是沼泽，沉住气，想想办法，一样可以一步一个脚印地趟过去。最重要的是有一颗淡定的心，学会在忍耐中锲而不舍地追求，学会不屈服于种种障碍，继续不停地做好分内的事，从而笑到最后。

沉住气的人能有效控制心境，不被外界打扰，而所有的痛苦在忍耐中淡化，所有的眼泪在坚忍中化作轻烟。这样的人，注定有一天会做出惊人的成就。

第二辑

坚守本色："冰公主"不做少女做女人

"人生一世，终归尘土。就算有 100 年光阴，也不过是历史长河中的涟漪。因此，人要活得正直和真诚。无论遭受多大考验，只要视真诚为道路上的灯塔，绝望也能锻炼我。"

坚持做不平凡的自我

很多女人总是抱怨自己没有高贵的出身，没有显赫的家世背景，太过平凡无奇，进而自暴自弃。她们自怨自艾，从不想着去改变现状，只会无病呻吟，让人厌烦。许多人生来就是平凡的，但你可以在平凡的生活中创造出不平凡的自我。

身为总统的女儿，朴槿惠早年过着优渥的生活。在旁人看来，她占有了太多优秀的资源，一定拥有一段不平凡的人生。但是在父母眼里，女儿和其他同龄女孩没有什么差别。

刚刚进入圣心女中的时候，朴槿惠并没有因为自己的身份而受到特殊待遇，而是和其他同学一起住在宿舍里。后来学校大规模拆除宿舍，导致学生们纷纷回家住宿，她每天也和同学一起坐电车上学。

在读书的几年时间里，朴槿惠每天带着便当上学，每天吃的食物和同学们没什么两样，都是一些再普通不过的饭食。有好奇的同学偷偷看朴槿惠的饭盒有什么稀奇的食物，总是大失所望。

在很多人眼里，朴槿惠的确十分平凡，从她身上看不到任何特殊的背景和身份。有一次，几位女同学想见识一下总统女儿的家是什么样子，于是朴槿惠热情地邀请大家到家中做客。结果，同学们见到庐山真面目以后，纷纷感慨："本来我们觉得你家会布置得和宫殿一样，没想到和我们家差不多。"

朴槿惠从来不因为自己是总统的女儿而盛气凌人，始终保持着一颗平常心，对周围的人从未提过任何过分的要求。即使多年后步入政坛，她依然保持着平凡、朴素的作风，生活简单质朴，喜欢散步。也正是因为这样，朴槿惠才有更多时间和精力投入到理想的事业中去。

在日记中，朴槿惠写了这样一段话：“人生便是一场舞台剧。在演员出场以前，所有人的身份、剧本的内容和情节都早已安排妥当。演员们只需要演绎好自己的角色，在规定的时间内出场，按照剧本上的台词准确地说，演完之后便离场。至于演技的好坏，对角色的理解程度，则完全取决于个人的努力。”

朴槿惠说得没错，人生是一个舞台，每个人的出身、家庭背景早已注定，再也无法更改，但是人生命运却掌握在自己手中。只要你不断努力，就能改变原有的人生轨迹，在平凡的生活中创造出不平凡的自我。

“你无法决定天气，但能够改变心情；你无法选择出身，但能够掌控命运。”一个人迈向成功，最大的因素绝不是出身，而是不懈拼搏与努力。朴槿惠以亲身经历告诉我们，出身高贵不是人生的资本，凡事都要通过努力来实现自己的愿望。

女性最迷人之处一定不在于显赫的出身，而是身上散发出的清丽脱俗的高贵气质。这种气质不是与生俱来的，需要在生活中不断地修炼自己，通过内在修为打动别人。可以说，拼搏、进取的精神气质是女性魅力的源泉。

贵为总统的女儿，朴槿惠在生活上与常人无异，没有任何特殊的待遇。多年来，她过着平凡人的生活，爱学习，肯思考，有理想，知上进，敢担当。

即使生活中有再多苦难，也没有将朴槿惠打败，反而让她对未来更加充满希望，并决心为了国家和民族的复兴奉献自己的一切。这样的女人如何不让人动容，这样的女人如何不令人尊敬？

成为一位不平凡的女性，就要通过不断努力接近目标，通过修炼自己提升个人气质。坚持做不平凡的自我，才会有非凡的人生。

首先，注重提升修养和气质。多读书，勤思考，对周围的事物有自己的见解，不断开阔眼界，就能拥有非凡的气质和谈吐，令人景仰。

其次，做人做事要举止得当。在与人交往的过程中，举止得当的女性会给人留下深刻印象。尤其是初次与人见面，更要注意自己的一言一行。

再次，女性处世要低调。炫耀或过于高调会引来别人的嫉妒、厌恶。低调的女人具备自信、沉着的特性，这种良好品质是最好的标签。

最后，任何时候都要有理想和追求。女性是一个独立的个体，与男性是平等的，因此凡事不必依附于男性，应该时刻为自己的理想而奋斗。

显然，成为一个不平凡的女性，起决定性作用的不是高贵的出身等外在条件，而是你身上由内而外散发出的不凡气质。这一点，永远是最重要的。

外表女神，内心女汉子

外表女神，内心女汉子，这是判断女人成熟的一个标准。都说女人柔弱似水，但是水却可以结成冰，虽然这一过程十分痛苦和艰难，然而一旦成真，便能拥有超出想象的力量。

很多女性拥有美丽的外表，看起来美艳动人，但是因为没有强大的内心，遇事便手足无措，容易被现实击垮。除了在仪表上懂得保养，女人更要懂得掌控情绪，培养积极心态，练就强大的心理素质。心里住着一个女汉子，遇到任何困难，经受任何磨难，都会无所畏惧。

母亲遇刺那一年，朴槿惠只有 22 岁，虽然一开始她显得惊慌失措，但是很快就镇定下来。她没有沉浸在悲伤当中，而是对自己说：“不能继续难过下去了，必须振作起来，活着的人好好活下去，因为忙碌的蜜蜂没有时间悲伤。”

随后，朴槿惠不得不放下学业，接替母亲的工作，扮演起“第一夫人”的角色，辅助父亲从事政务工作。当时，朴槿惠穿着母亲的衣服和首饰，举手投足间尽力模仿母亲的淡定和从容，每天处理几百封信件，还要访问企业，慰问群众，接待各国政要……就这样，她帮助父亲完成了许多国务活动。

朴槿惠说：“总觉得时间过的太快，尤其是工作繁忙时，恨不得把时钟的指针固定起来。”这样忙碌的生活，甚至损伤了朴槿惠的健康，她

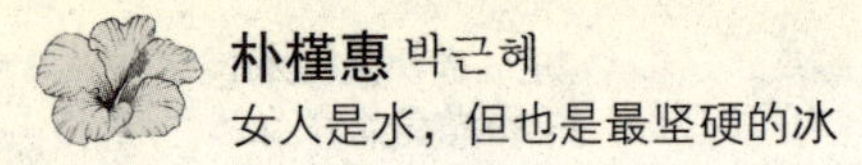

的嘴唇经常起泡，有时甚至还低烧。忙碌起来，她连看病的时间都没有。在此期间，朴槿惠学会了父亲在感情上的隐忍，也学会了如何冷静地处理危机。

由于承担的责任重大，朴槿惠牺牲了很多个人时间，连睡眠也减少了，过上了一个普通女孩不应该有的生活。当时，年纪尚小的朴槿惠出落得亭亭玉立，给人一种不食人间烟火的感觉，再加上总统之女的身份，更让人刮目相看。当然，朴槿惠也有普通女孩子的烦恼，渴望浪漫的爱情和幸福的家庭生活。但是，特殊的身份让她根本没有时间和精力考虑这些事情。由于朴槿惠超出实际年龄的成熟和稳重，很多人给她起了“冰公主”的称呼。

从此，朴槿惠褪下了少女的外衣，扮演起“第一夫人”这个“女神”的角色。当时，许多人都为这个年轻的女孩捏了一把汗。好在她外表是女神，但心中却住进了一个女汉子，所以表现极佳。

后来父亲遇难时，朴槿惠虽然内心承受着巨大的痛苦，但是表现出了超乎寻常的冷静。来不及关心父亲的情况，她便问：“前方（指三八线）有无异常？”总统秘书室长回答说：“已经下达戒严令。”朴槿惠这才放心。

在以后的日子里，朴槿惠遭遇了数不清的磨难，那些足以令人崩溃的打击都没能把她击垮。显然，如果内心不够强大，她显然无法坚持下来。靠着顽强的韧性，朴槿惠在心智上迅速成熟起来，获得了宝贵的从政经验与处理突发事件的能力。

回忆忙碌的青春岁月，朴槿惠写道：“就像沙漠中的骆驼一般，我的青春岁月就这样默默地流逝了，但我从不留恋或后悔。在每一瞬间，我都做了最佳的选择，这些选择都是值得的。……就像人生的智慧并不是一天就能积累一般，幸福也不是马上找上门的。平时有准备并付出努力的人才能尝到幸福的滋味。”

大文豪莫泊桑说过，“生活不可能如你想象的那么好，但也不会如你想象的那么糟。人的脆弱和坚强都超乎了自己的想象。有时，我可能脆弱得一句话就泪流满面；有时，也发现自己咬着牙走了很长的路。”

生活中，一切痛苦的经历都转化为朴槿惠不断进步的阶梯，她没有时间顾影自怜，只能让自己练就一颗强大的内心。对普通女性朋友来说，经历的痛苦和磨难不及朴槿惠的万分之一，又怎能在抱怨中虚度时光呢！

面对朋友反目、工作遇挫、恋情不顺，你可以心生惆怅，但是不能由此沉沦下去，更不能否认自己具备战胜痛苦的能力。平时，女人可以表现得柔弱一些，这是天性使然。但是，在关键时刻与重大场合，你必须做一名女汉子，因为没有人会因为你是女人而心生同情，甚至给予无私帮助。

朴槿惠怎能料到自己会经历那么多不幸，作为一名柔弱的女性，她没有被眼前的磨难击倒，反而变成了一名坚韧的“女汉子”，超出了许多人的意料。柔弱是女性的一个特征，但在面对苦难时，如果选择迎难而上，那么你就会像水遇低温一样，结成坚硬的冰，变得刚强有力，谁都无法令你屈服。

每一次痛苦都是一种经历，一种成长，一种收获，不要用痛苦来惩罚自己，而要在痛苦中整理自己的情绪，带着创伤过后留下的疼痛和成熟继续勇敢地上路。显然，朴槿惠在这方面为我们树立了榜样。

永远做少女只是一个梦

很多女性希望把自己塑造成公主的形象，住在象牙塔里，双耳不闻窗外事，十指不沾阳春水，做一个无忧无虑的少女。但是，现实总是狠狠地给了她们一记响亮的耳光，在惊讶之余发现，永远做少女只能是一个美好的梦。

在离开青瓦台近 20 年的时间里，朴槿惠虽然从形式上远离了政治，但是在生活上却依然与政治密切接触。她不认为这种隐居的生活是孤单的、绝望的，反而把它当成了人生的历练。

每天，朴槿惠都会阅读报纸、收看新闻，希望在第一时间了解到国家的最新情况。在国家面临危难的时候，朴槿惠总是及时表达关心和担忧。经过 20 多年的打磨，朴槿惠早已不是原来那个青涩的少女，更不是原来那个“冰公主”，此时的她变得更加坚韧、淡定、平和，拥有强大的内心。这一切，无疑是时间给予的宝贵财富。

虽然牵挂着祖国，但是朴槿惠并没有回归政坛的强烈愿望。更高的职位意味着更大的担当，显然她还没有足够的勇气。并且，父亲去世后，她也感受到了政坛的险恶。反复权衡之下，朴槿惠不敢轻易作出抉择。然而，一次始料未及的金融危机，却改变了她的想法，也改变了她的命运。

1997 年，亚洲爆发了规模巨大的金融危机。韩国首当其冲，国内大量企业迅速破产倒闭，大批工人失业，人民的生活陷入水深火热之中。当时，身为一介平民的朴槿惠受到了巨大震撼，想到新创建的国家有可能坍塌，她感到十分痛心和愤怒。

有一天，朴槿惠在街头散步，看到不远处排着长长的队伍，一群露宿街头的人正在领政府的救济晚餐。当她与一位排队的人四目相对的时候，那个人急忙羞愧地遮住自己的脸。眼前的场景让朴槿惠十分痛心，韩国此时似乎回到了战乱动荡的古代，她在内心审问自己:“这一切究竟是谁造成的?”

从那一天起，朴槿惠便时刻担忧起国家的前途和命运。与此同时，她开始思考自己能为国家做些什么，哪怕是微不足道的事情，也要尽一份绵薄之力。看到国家摇摇欲坠，人民生活苦不堪言，朴槿惠显然不能坐视不管了，也不能过自己舒适安逸的小日子了。

这时，在风雨中飘摇的韩国民众急需一位强有力的领导人站出来，带领他们攻克难关，摆脱眼前的困境，重新过上富足安定的生活。

1997 年 12 月，第 15 届韩国总统大选开始了。朴槿惠似乎看到了机会，作为朴正熙的女儿，现在不正是重返政坛的绝好时机吗！她决定完成父亲未能实现的愿望，为大韩民国做贡献，带领韩国走向繁荣富强。

永远做一名少女，几乎是每一位女性的梦想，但是生活注定不会一帆风顺，也不允许你沉浸在自己的小世界里。朴槿惠独特的成长经历，铸造了她强大的内心。早年悲惨的遭遇，让她从少女时代就不得不承担起“家长”的角色，也使得“永远做一名少女”成为她一个美好的梦。

当别的女孩还在父母怀中撒娇时，朴槿惠不仅承受着家庭的巨大变故，还要面对各种背叛。她曾尝试着改变现状，但最终还是选择了沉默，过上了孑然一身的生活。但是，她始终没有放弃对国家的这份眷恋。那段蛰伏的日子里，平静的生活让朴槿惠有了更多思考的时间，也让她不断充实和完善自己。一旦机会来临，这个准备许久的蝴蝶就要展翅高飞了。

作为女性，当我们面对孤独时要有一颗平静的心，不能像少女般冲动。在人生低谷，你可以选择学习和训练，让它成为一个难能可贵的自我成长的机会。此外，孤独能让人冷静下来，看清内心，为人生下一次跃进做好心理准备。

现实总是残酷的，超出了人们的想象。勇敢接受眼前的事实，从少女梦中醒来，理性面对未来的人生，你就能变得成熟起来。在宝贵的生命里，永远有更重要的事情值得我们花费时间和精力去思考、努力。

朴槿惠失去了父母，没有丈夫和子女，所以把国家作为唯一服务的对象。随后，她将自己的全部心思致力于“服务国家和人民”上，正是这个伟大的信念支撑着她从伤痛中走出来，开启了日后传奇的一生。从少女转变成为一个成熟的女人，朴槿惠经历了凤凰涅槃般的重生。

在传统观念中，女人是软弱的，容易被困难击倒，但是朴槿惠为世人树立了一个坚强、成熟女性的典范。她放下少女梦，磨砺女人心，终于成为一个坚强的人。

有人曾经说过：“每一个活着的人都是一个勇士。”因为生活中的每一天都充满了未知，你永远不知道明天会碰到什么。修炼一颗强大的心，让自己早日成熟起来，面对人生中的任何意外，就容易做到宠辱不惊。

不勇敢无以致青春

竞争会给人带来巨大的压力，但同时也能让人拼尽全力去奋斗。在强大的对手面前，只有像一头黑熊一样不懈地拼搏，才能不断成长，在激烈的竞争中立于不败之地。反之，如果不思进取，你很快就会被打败，与成功失之交臂。朴槿惠在韩国总统竞选中，如同一头黑熊，不达目的誓不罢休。

1997 年，韩国第 15 届总统大选拉开序幕，等待多时的朴槿惠终于迎来了为祖国效命的机会，她开始帮助大国家党的总统候选人李会昌参选。李会昌此前历任过金泳三政权下的监察院长、国务总理等职务。他竞选总统的优势是其任职大法官、监察院长等经历树立的清廉与改革形象。

对国家的爱与责任，让朴槿惠决心走出一条“政治人朴槿惠”之路，为国家的命运献身。显然，这是朴槿惠重返政治舞台后迈出的第一步，也是一项很艰难的任务。帮助李会昌竞选总统是一件困难的事情，当时的韩国政坛风云际会，除了朴槿惠支持的大国家党候选人李会昌，韩国政坛风云人物金大中同样在候选人名单之上。对李会昌和朴槿惠不利的是，金大中支持率高达 90%。

金大中是韩国民主斗士的象征，被誉为“亚洲的曼德拉”，在韩国独裁的李承晚、朴正熙、全斗焕政权期间数度入狱，从未放弃民主斗争。在经济困难的时期，相比于贵族身份的李会昌，人们显然更加亲近金大中。

李会昌在此次总统竞选中的胜算并不大，但朴槿惠毫不气馁，马不停蹄地奔波在大邱、岭东、浦项等地，每天都忙得不可开交。其实她心里很清楚，这次的竞选胜算很小，但是就这样轻易地放弃，那么以后如何实现自己的政治理想，如何带领韩国民众冲破难关呢？她相信，拼搏就会有收获，狭路相逢绝对不能退缩。

在此次竞选活动中，发生了一次小意外。当时，朴槿惠遭遇了车祸，周围的人都急着把她送往医院。但是，固执的朴槿惠牵挂着等候已久的民众，毅然决定继续参加助选活动。尽管朴槿惠付出了巨大努力，但是李会昌最终还是败给了对手金大中。刚复出政坛就遭遇首次失利，朴槿惠没有失望。对她来说，这次大选的失败不过是日后成功的练习。

虽然没有达到预期政治目标，但是朴槿惠收获很大。她发现，虽然长久脱离公众视线，但是自己没有被人们遗忘。很多人在助选现场一眼认出了她，并热情地走上前打招呼。

在大邱助选时，她看到了永生难忘的一幕。参加选举的民众络绎不绝地涌到现场，时至深夜，街道上依然人山人海，人们高呼着朴槿惠的名字。她强烈地感受到民众热烈的反应，知道大家渴望有一个能带领他们过上幸福生活的政府。这一刻，她知道自己是国家的女儿，再也不会与这个国家分离。

朴槿惠在这次大选舞台上倾力而为，让人们见识了自己的实力。而她的表现也引起了国人的注意，一时间朝野上下开始把目光投到这位铁娘子的身上。

朴槿惠参加选举的过程是奋斗的开始，凭着不服输、不怕苦的“黑熊”精神，她克服了许多困难，一步步向前迈进。这种顽强拼搏的精神，值得每个女人学习。

现代社会强调男女平等，可是生活中依然存在女性受到不公正待遇的现象。因此在激烈的竞争中，女性更要努力拼搏，用努力成就最好的自己。正所谓“物竞天择，适者生存”，为了提高自己在社会中的生存筹码，女性尤其需要付出更大的努力，实现心中的梦想。

生活的魅力在于每一天都是未知的，只要努力就有无数可能。虽然这些挑战会带来压力，不过这何尝不是奋进的动力？努力过后，也许会遭遇失败，柔弱的女性面对这样的打击大多会选择放弃，但是朴槿惠的经历告诉我们，要时刻相信自己，不到最后一刻绝不放弃。

帮助李会昌选举总统时，朴槿惠明确地知道胜算并不大，但是她没有因为机会渺茫就放弃，而是付出了百分之百的努力。结果，此举赢得许多选民的支持，同时锻炼了自己的能力，为日后的竞选打下了良好的基础。

不论遇到什么样的难题，决不能马上放弃努力。成功往往都是在不断失败中诞生的，如果你过早失去信心，只会离成功越来越远。不把困难放在眼里，选择迎难而上，才有一次又一次成功的可能。

成功就是比别人更能坚持

1997年12月18日，第15届大韩民国总统选举结果公布，韩国新政治国民会议的金大中当选新一任韩国总统。无疑，这对大国家党是一次打击。而1998年4月2日，韩国国会议员第一次补缺选举，金大中再次以90%的支持率获胜，这令大国家党的形势非常不利。

在韩国，除了总统由全民直选产生外，另一影响国内各个政党势力分布的便是国会议员选举。显然，这次国会议员选举不仅会影响到大国家党在国会中的实力，还给下一届大国家党竞选总统造成了非常不利的局面。所有人都很清楚，大国家党必须赢得4月进行的第二次补缺选举。紧要关头，大国家党的议员们一致推选朴槿惠代表大国家党参加补缺选举。

在第二次补缺选举中，大国家党有三个可以选择的地方：文镜、醴泉、大邱。如果朴槿惠去文镜、醴泉，会有很大胜算，因为这里是父亲朴正熙曾经工作过的地方，当地市民都将朴槿惠当做自己人。

经过一番思索，朴槿惠初步打算去文镜或者醴泉参加竞选。然而，大国家党大邱市分部长打来电话，希望朴槿惠去达城郡参选，通过竞选的胜利来改变一下大国家党严峻的局面。一时间，朴槿惠举棋不定。但是，她很快就看清楚了形势。在文镜、醴泉虽然胜算很大，但是这不能改变大国家党目前严峻的局势，只有在大邱——这个对于大国家党来说选情最严峻的地方取得胜利，才能够引起轰动，从而一举挽救大国家党现在的不利局面。

1998 年 4 月，朴槿惠打出“为完成父亲未完成的事业尽一点力”的口号，开始出击大邱达城。一时间，她赢得了许多支持者。

当时，执政党的候选人严三铎是大邱人，在这里有很扎实的根基。他所在国民会议党不仅为其大力造势，还为其提供了雄厚的竞选资金，这一切都是朴槿惠不曾拥有的优势。资金上的困难让朴槿惠举步维艰，而且已卸任的前任大国家党国会议员也退避三舍，不提供任何援助，甚至没有办理大国家党的党员名册交接。

不久，对手突然接管了原本属于大国家党的达城分部办公室，作为选举阵地。这一切虽然出乎意料，却没有击倒朴槿惠。她临时找了一间办公室，再找来一台计算机和打印机，开始了竞选工作。

民众很快知道了朴槿惠的艰难情况，大家纷纷前去探望，每天都有络绎不绝的人上门。甚至，有人带着食物来看望她们，有烤地瓜，还有年糕。后来，当地民众也加入进来，大力支持朴槿惠。

有了民众的支持，一切问题都不难解决了，朴槿惠更加努力地拉选票，每天都早出晚归。大街小巷，偏远山区，她的脚印出现在了大邱的每一个角落。朴槿惠的勤奋和努力得到了人们的肯定，大家都被眼前这个弱女子打动了，支持的人越来越多。

选举揭晓的那天晚上，整个办公室里的人都无法平静下来，只有朴槿惠非常淡然地坐着。她相信自己的努力都被民众看在眼里，这一切都不会白费。开票后，朴槿惠的票数遥遥领先于对手，开票到 20%，她已领先 2300 票。最后，她以压倒性的优势获胜，成功当选为国会议员。

在很多人眼中，政治是权力的象征，参加政治更多是为了享受那种掌握权力的感觉。但对朴槿惠来说，政治带来的更多是责任，是一种沉甸甸的使命。所以，她即使和伙伴们每天自己煮饭吃，也坚持争取选民的支持。正是凭借这种精神，他们感动了大量民众，赢得了最后的胜利。

有人曾经说过："我选择为梦想颠沛流离，即使万般辛苦，也不会放弃。"这个世界不曾亏欠每一个人坚持努力的人。保持积极、奋进的热情，通过不断努力收获梦想，才配得上更好的明天。

虽然付出了很多，但是还没成功，一般人就会这样想："我已经试过几次了，还是不行，看来我就这么大能力了，还是老老实实选择放弃吧。我这辈子是没有希望了。"而内心笃定的人一旦认准了方向，就会坚持干下去，不管遇到什么困难，他们始终信心很足，勇往直前。

美国达美乐集团创始人汤姆·莫纳汉："所谓失败就是你停止了尝试，我从来没有停止过。"一个人在追求成功的过程中，总会遇到一些困难和挫折。这时候，持续地挥棒，不懈地追求，就能度过难关，中途退却的人看不到成功的曙光。

女人要始终明白一点，奋斗的过程离不开恒心和毅力，你必须坚持不懈。就像打球一样，只要你继续不停地挥舞着你手中的球棒，迟早会打到球。实际上，做任何一件事都不是想象中那么简单，善于坚持的人才能笑到最后。

你愿意拥有玻璃心，但现实里没有城堡

人生在世，不可能全都如你所愿。女性的心理是脆弱的，遇到一些难以解决的事情，往往希望得到包容与关爱。然而，其他人并没有义务这样做。所以不合心意的时候，请记得收起玻璃心，因为现实中并没有为你遮风避雨的城堡。

今天，越来越多的女性活跃在各个行业，在时代“大舞台”上展示个人才智，想找到属于自己的一席之地。首先，要成为一个内心强大的人。如果承受不了一丝波折，又怎能经受风雨的洗礼呢！

李会昌在总统竞选中败北后，卢武铉就任韩国第17届总统。受此打击，李会昌在败选的第二天便发表演说，宣布退出政界。随后，大国家党内部也发生了翻天覆地的变化，非法政治献金的丑闻被人揭开，大国家党背上了“运钞车党”的恶名。

从此，大国家党的声誉一落千丈，国民的责骂和不满全都倾泻而来。与此同时，其他党派不断抨击和排挤，让大国家党到了分崩离析的境地。面对这一切，朴槿惠痛心疾首。在残酷的现实面前，她根本没有时间哭泣，脆弱的玻璃心只会让处境更加糟糕。

2004年3月23日，大国家党准备选举新的党代表，朴槿惠此时挺身而出。为了大国家党的明天，更为了韩国的明天，她披荆斩棘，成功当选大国家党的党代表。

危难时刻，朴槿惠挺身而出，主动挽救大国家党。她没有时间悲伤，现实也不允许她这么做。在韩国民众眼里，政治人物的眼泪不可信，更不值得同情。

每当烦恼袭来，人们习惯找一座坚实的城堡来抵挡外界的伤害，或者躲在里面疗伤。在遭遇一系列烦心事后，朴槿惠不仅没有一座城堡来阻隔外界的冲击，反而主动迎难而上，令人钦佩不已。再大的挑战都无法击垮朴槿惠，因为她有一颗强大、不可摧毁的心灵。

在艰苦的环境中作出更多努力，朴槿惠比以往任何时候都严格要求自己，同时还不忘时刻告诫身边的人要拒绝腐败，“我们要摒弃傲慢的态度，与腐败一刀两断，国民给予我们的警告，就是要提升我们的觉悟，要时刻抱着为国家粉身碎骨的心态。”朴槿惠始终坚守自己的承诺，她在关键时刻展示了一个女性应有的坚强和担当。

为了赢得民众对大国家党的信任，恢复大国家党的信誉，朴槿惠决定将原先市值 1 亿韩元的党部抵押出去，用于偿还非法政治献金。但是这一决定却遭到了很多党员的强烈反对，但在朴槿惠的据理力争之下，大家表示理解和支持。

朴槿惠身上的气质不同于以往的其他领导人，作为韩国历史上第一位女性领导人，她散发出独特的气质和魅力。女性的柔和，让她拥有男性领导人不具备的强大亲和力，正是这种力量拉近了与民众之间的距离，为她赢得了掌声，赢得了认可。所以，女性要学会展示自我，因为展示自己就是成就自己。

在女性身上，有许多内在的优势是男性不具备的。如果想有所成就，就要不断地挖掘自己，将内在优势淋漓尽致地发挥出来。一个人要懂得利用个人优势，在适时的场合展示才华与魅力，为自己赢得掌声。如果不能发现自己的优势，那么你的才华很有可能会被埋没。

通过朴槿惠的经历，我们不难发现展示自己确实有迹可循，并不是一件很复杂的事情。

第一，永远真诚。把自己最真实的一面展示给别人，不盲目地迎合别人。记住，诚实是最好的展示自己的方式。

第二，承担责任。自己能做到的事情，就要尽力去做，让别人看到你的能力，才能从骨子里认可你。

第三，不能回避自己的缺点。这个世界没有完美的人，每个人都有一定的缺陷。有时候，正是这些缺陷让人显得更真实，更能拉近你与他人之间的距离。

当今社会是一个多元化环境，每个人都扮演着不同的角色。做人不可任性，即便遇到不开心的事，也要给人果敢、理性的印象。真实地展示自我，点亮自我，就能让这个世界变得更加绚丽多彩。

丢掉不适合自己的衣服

长久以来，女性一直给人柔弱、胆小的形象，被认为过于感情化，缺少理性的思维能力和强大的心理承受力。有时候，女性需要褪下柔弱的外衣，扔掉不合身的衣服，把自己塑造成强大的女性形象。

历史上，女性领导者少之又少，她们似乎很难担当更重要的角色。但是在 21 世纪的今天，女人担任领导职务已不再是什么新鲜事。越来越多的女性已经从幕后走到台前，获得了很高的社会地位。朴槿惠在关键时刻改变自我，抛弃女性身上固有的缺点，逐渐让自己强大起来，依靠坚韧的毅力在男性主导的社会中取得了一席之地。

当选大国家党的党代表以后，朴槿惠正式复出，却惹来不少争议。很多韩国民众，包括一些党派的领导人都批评她，指责女性在处理危机时会优柔寡断，会弄巧成拙。

面对这些不实的非议，朴槿惠进行了反驳："很多人都觉得女性处理事务的能力较弱，我觉得这是偏见。我的一生都在克服危机中度过，政治人物的力量不是来自武力，而是来自国民的信任。"朴槿惠认为，女性自古以来的形象都是相夫教子、操持教务，但是女性同样能做好操持国家生计、处理危机等事情。

女性的身份为朴槿惠带来了许多困扰，但这没有阻挠她继续前进。为了改变人们的看法，朴槿惠主动克服女性身上特有的缺点，诸如胆小、软弱、多愁善感。在不断努力中，朴槿惠变成了一个作风硬派的“女汉子”。

命运总是变幻莫测的。作为女性，想在一个领域找到属于自己的一席之地，就要准确定位，扮演好相应的角色。有了明确的定位，你就容易找到目标，并朝着这个方向不懈努力。正式复出以后，朴槿惠开始成为聚光灯下的政治人物，她积极改变自我，表现出高度的自觉和强势。用行动证明一切，外界的各种争议很快就销声匿迹了。

无论以前还是现在，乃至将来，朴槿惠都兢兢业业地努力，不敢有丝毫的怠慢。这种努力改变自我、适应新形势的努力，让她很快成为一位优秀的女性领导人。

究竟如何才能扮演好自己的角色呢？或许每个人都有不一样的理解，其实最重要的是用真心、真情去演绎，做好分内的事情。过去早已随着时间消失在历史长河之中，你唯一能紧紧抓住的就是现在。珍惜眼前的生活，珍惜眼前的一切，抓住每一分钟，为理想和幸福生活奋斗，就容易做最好的自己。

生活中，很多人都有远大的梦想。然而，人们大多把梦想当做美好的想象，或者想一蹴而就，或者想想也就算了，对日常生活中的琐事不屑一顾，抱怨日子太平凡了。试想一下，如果你连一件小事都做不好，又怎么能获得被委以重任的机会呢？

刚出生的蚕每天努力吐丝，将自己包裹起来，这片小小的天地，不能看到阳光，不能欣赏美景，只能静守。不知经历了多少个昼夜，蚕冲破了茧，化成了美丽的蝴蝶，展翅高飞。每个女人都要经历化茧成蝶的过程，承受压力、痛苦与孤独，通过积累和训练提升能力、弥补短板，最终走向成熟。

显然，努力克服身上的缺点，积极弥补自身的短板，让自己变得强大，你才有能力接近梦想。女汉子不只内心狂野，在行动上更不甘人后，所以她们在孜孜以求中完成华丽转身，活出了非凡的自我。

对现代女性来说，社会赋予了她们更加丰富的角色，提供了空前的发展机会。无论你作出何种选择，一旦认定了方向就应不懈努力，用女性特有的智慧和胸怀，承担起更重要的责任。

朴槿惠的蜕变向世人证明，女人不仅仅只有柔弱的外表，同样也可以拥有像男人一般坚强的内心来征服这个世界。女人要学习朴槿惠这种精神，果断抛弃不适合自己的外衣，克服身上原有的弱点，成为内心强大、果敢坚定的人。

男儿要顶天立地，女人也可以像男人一样承担更多责任、更大使命。给自己一次破茧而出的机会，不辜负父母的期待和今生的年华，让未来的你感谢现在努力的自己。

第三辑

独立自主：做自己的主宰，为人生出谋划策

“我没有家庭需要照顾，没有子女继承我的财产。国民就是我的家人，国家就是我唯一服务的对象。”

自省的女人，才懂得如何幸福

生活中，女人遇到了不顺心的事，时常会抱怨命运不公，却难得自省——坦然面对自己的错处和不足，真诚地说一句：“错在我。”

一个能够直面自身缺点的女人是有悟性的，她们敢于承认内在不足，并勇敢改变，是一种自省的表现。或许这种自省，比那些浑噩度日的女人多了些敏感与痛苦，但正是因为这种自觉，让生命中的痛苦得以超越，让幸福成为可能。

自省，是一种生活的智慧，自省的女人往往能够做到遇事冷静理智，善于自我反思，及时发现自己的短板，并加以改进。显然，自省的女人更有主见，也更容易早日获得成功。

青少年时期的教育和培养，让朴槿惠具备了自省的品格。小时候，母亲让她在早上尽情地玩耍，但是到了晚上要记录下今天发生的一切，并进行一番思考。

长久以来，朴槿惠养成了写日记的好习惯，每天都会用文字记录下当天发生的事情，这其中既包括自己的良好表现，也包括自己没做好的事情。对于抱有遗憾的事情，她会进行反思和总结，找出原因以及解决的办法。每天反省让朴槿惠看到了自身的不足，虽然改掉不良习惯是一个漫长的过程，但她却早早地比同龄人成熟了许多。

《论语》中有一句话：“吾日三省吾身，可以为师矣。”经常反省自我，既是一种人生态度，更是一种生活的智慧。一个懂得自省的女人，能发现生活的精彩之处，会感受到幸福的惬意。一个女人在成长过程中会犯下各种各样的错误，也难免碰上难以解决的问题。这时候，你必须静下心来，心平气和地反省一下自己，是否有做错的地方，重新规划自己的行动方案，从而走上正确的轨道。

在政坛复出后，朴槿惠决心改变大国家党腐败不堪的局面，当她率领众党员搬出办公楼的那天，就是摒除腐败的开始。朴槿惠把这一天定为“赎罪日”。在这之后，她来到曹溪寺的极乐殿，诚心诚意地做了108拜，与她一同参拜的寺庙住持智洪和尚说：“行大事者不可劳累伤神，诚信到了即可，不必拘泥于数字。”

但朴槿惠并不这么认为，她希望自己诚心诚意的忏悔能够换回清廉的政党，让大国家党干干净净地重生。到了晚上，朴槿惠又到永乐教会参与了反省的祈祷。

追求幸福的道路有很多条，朴槿惠选择了反省这条路。对于党内接连出现的问题，她通过反省找出问题所在，在摒除问题之后找到了改善的方法。

为什么你时常会有挫败感，因为生活中总是有许多烦心的事情。但是它们并不是无法解决，只要时常反省，就能找出问题的根源，然后对症下药，找到解决问题的良策。从现在开始，你可以通过反省给自己做出一个客观公正的评价，平心静气地正视自我，冷静地审视当前的处境，在未来的道路上走得更加长远。

朴槿惠从小就养成了反省的习惯，并从中发现了自己的不足，而后逐步改善和提升自我，体验到了十足的成就感和满足感。步入政坛后，每次遇到问题，她首先想到的就是反省。长久以来的习惯养成，让朴槿惠从中受益良多。她将这种习惯带到政坛上，继续通过这样的方法反思各种症结所在，很快找到了解决问题的方法。

“家家有本难念的经”，在生活中，女人在家庭方面耗费的心思颇多，要处理的家庭事务也纷乱复杂，因而女人的幸福感会因家庭中的矛盾降低，进而影响整个家庭的幸福值。家庭生活中，女人总是喜欢抱怨，怪丈夫不体贴、埋怨孩子不懂事、指责邻居太自私……久而久之，女人成了怨妇，各种问题依旧没有解决。

其实，许多女人之所以时常感到不幸福，不是因为周围的人有多差劲，遇到的事情有多艰难，而是因为缺乏自省精神，忽视了自身的缺点，将一切责任推到其他人身上。试想，如果找不到症结所在，你就会失去改进的机会，又怎能真正解决问题，获得幸福呢？

自省的女人能够做到理性思考，善于发现问题的要害，所以表现出极大的独立性。像朴槿惠那样，从小培养出自省精神，有助于在成长中完善自我，并得到解决问题的有效方法。

试着做一个聪明的女人，遇到问题时别急着抱怨，先反思自己，直面自身的缺点，并逐步改进。有一天，你发现曾经困扰你的问题，已经随着自省的深入烟消云散了，这时你已经成为命运的主宰。

微笑，最有利的回击武器

人们常说，爱笑的女孩运气都不会太差。的确，微笑是人际交往中的润滑剂，看似简单的面部表情却能给人十足的信心。

微笑的力量是巨大的，一个爱笑的女人更容易与人亲近，也能显示出自信，绽放迷人的光彩。朴槿惠便是一个爱笑的人，在多年的从政生涯里，她留给外界的形象多是微笑着的。

事实上，朴槿惠早年并不喜欢微笑，常常板着脸，因而得到了“冰公主”的称号。这并不奇怪，父母遭到暗杀，自己遭受各种磨难和侮辱，这样的女子哪能有什么开心的事呢？更何况在复出之后，每一次都要面临各种危机，更无心思说说笑笑了。朴槿惠一生中经历了太多的苦难，而后坚毅地站在世人面前，如此跌宕起伏的人生，不是所有人都能体会的。

经历的越多，领悟的也就越多。朴槿惠觉得，与其痛苦地生活，不如用微笑来面对苦难，把微笑作为最有利的回击武器，享受美好的人生。朴槿惠重返政坛之后，人们在她的脸上再也没有看见以往的悲伤表情，取而代之的是会心的微笑。即使遭遇对手的嘲讽和攻击，她也不会恼羞成怒，而是谈笑风生，不让他人左右自己的情绪。显然，如果没有强大的自控力，根本无法做到这一点。

多年后，朴槿惠参加总统选举时，微笑着与选民们亲切交谈，还欢快地与大家一起跳起了“骑马舞”；在等待最终的投票结果时，朴槿惠的脸上并没有露出焦急烦躁的表情，反而始终带着微笑，让人感受到她的自信与淡定。

世界上经历过苦难的人有很多，但并不是所有的人都能从苦难之中抽身而出，有的人沉沦在痛苦中无法自拔，但朴槿惠却走向了“美好的人生”。这是因为她将悲伤和苦难当成人生的财富，把所有的痛苦当成前进道路上的基石。通过不断地磨练逐渐走向成熟，走向强大，朴槿惠的微笑，便是内心笃定的最好表现。

有的人说，朴槿惠的微笑是“冰与火的微笑”。在日常工作中，她既有冰的冷硬，也有火的热情。朴槿惠的支持者说:“每当看到朴槿惠的微笑，自己的心也随之温暖起来，对韩国的未来充满了信心。”朴槿惠的微笑给所有人留下了深刻的印象，既是内心情绪的表达，也是回击伤害的最好武器。

在韩国，朴槿惠研究会如此形容她的微笑:“这是一个受过伤害又重新走出阴霾的女孩的微笑，给人舒适、温暖的感觉，但同时也让人感伤。”虽然朴槿惠的微笑从来都只是浅浅的微微一笑，但足以给人力量，让人动容。

面对生活中的苦难，每个人都有应对的方法。懦弱的人悲观失望，裹足不前；勇敢的人积极进取，微笑着面对一切。有时候，微笑不仅仅是一种表情，更是一种生活的态度，朴槿惠在经历了那么多艰难之后，反而练就了强大的内心和坚强的性格，所以能够坦然接受任何挑战。

态度决定一切，微笑也是一种态度，是一种做人应有的风范。对女人来说，微笑更是一种展示自我风格的方式。遇到熟悉的人，不应该面无表情地擦身而过，应该微笑着问候，因为这是礼貌，也是一种友好的态度。也许正因为这一个简单的微笑，却用无形的力量拉近了彼此的距离，在人与人之间那寒冷的山谷上架起了一座沟通的桥梁。

面对突如其来的苦难，难道要浑浑噩噩地度过吗？不，在那些所谓的失败与挫折面前，不要去抱怨，不该去沮丧，不能让沉闷和苦恼阻挡你战胜艰难的勇气，不要让懦弱阻挡你迈向成功。做人生的主宰，微笑着面对一切，才会赢得未来。微笑的力量是巨大的，能使人摆脱困境，走向光明。如果朴槿惠消极地面对人生的挫折，那么她就永远无法成为后来那个优秀的总统了。

朴槿惠的经历告诉我们，虽然苦难总会不期而至，令人措手不及，但是你可以选择以什么态度去面对。当痛苦来临时，微笑着寻找方法去化解，胜过不停地抱怨。让积极情绪主宰自己的人生，在爱与温暖中重新审视当下，大胆地追寻梦想，那些所谓的痛苦在成功的自豪感和成就感面前会显得微不足道。

无论怎样，我们都要积极乐观地生活。放下痛苦，放自己一条生路，微笑着迎接每一天的到来，你就是命运的女王。

谢谢你，我的敌人

人生之路上少不了朋友，也会遇上敌人。面对朋友，要心怀感激；面对敌人，也该大度地说一声“谢谢”。朋友，让你的人生之路走得更顺畅；敌人，是你成功路上的阻碍，也是你取得更大进步的垫脚石。谢谢敌人的阻挠，让你变得更加强大，谢谢敌人的排挤，促使你付出千倍百倍的努力……

2000年，为了实现更大的政治梦想，朴槿惠决定在政坛上更进一步——竞选大国家党副总裁之位。这个消息公布以后，立即遭到很多党内人士的反对。当时，大国家党内部共有14名议员宣布竞选副总裁之位，朴槿惠在这关键时刻“不按常理出牌”，自然引起了很大震动。随后，她提出了“政策政党”、“民主化的政党”、“信息化的政党”等口号，迅速收获了众多支持率。

尽管民意的强烈支持让朴槿惠信心满满，但是大国家党内部却有一股暗流在涌动。这个一贯以保守形象示人的政党，突然爆出了女性候选人的新闻，令很多人意料不到。一时间各种风言风语不断袭来，诋毁朴槿惠的声音也显得十分刺耳——“如果把票投给她，一旦她羽翼丰满，就会脱离大国家党直接参加总统选举”，“哪怕不把票投给她，她也会被任命为副总裁，还是把票投给别人吧”。

虽然同为一个政党的党员，大家表面上是朋友关系，但实际上彼此都是竞争对手，甚至是敌人。朴槿惠此次的竞选遭受了巨大的压力和排挤，但她却依然选择坚持下去。直到投票之前，朴槿惠的支持率一直位列第一。但是在投票当天，却发生了意料不到的事情，崔秉烈名列第一，朴槿惠紧随其后。这样的投票结果令人无法相信，人们纷纷猜测是不是有人从中作梗，采用集团投票制的方式，对朴槿惠进牵制。

面对各种各样的猜测，朴槿惠选择了淡然面对，用平常心来对待这些事情。对韩国的政治情况，她早已有了清醒的认识，而此次遭受排挤和失败也在意料之中。她没有向传统的规定妥协，其参选的方式是清白的，无愧于自己，无愧于人民。这次失败不仅没有让朴槿惠倒下，反而坚定了她继续从政的决心，认为韩国的政治到了需要整改的时候。

当时，无论韩国的执政党还是在野党，都有许多制度上的重大缺陷，党内总裁实行一言堂，个人拥有最高决定权，拥有公荐权及党内大小事务的决定权。这在其他国家早已被淘汰，但是在这里却大行其道。党内的所有人，无论是谁都必须论资排辈，这是韩国政党内不成文的规定。所有人的地位不是参照个人能力、国民的认可度，而是看拥有公荐权的总裁是否对你支持。朴槿惠拥有很高的政治智慧，她发现了韩国政党内的弊端和缺陷，决心坚持改革。

政党改革是政治改革的核心，这样做必然会触及许多人的利益。朴槿惠的改革设想公布出来后，立刻受到了阻挠和排挤，许多人开始指责她妄想制造内乱，扰乱正常的政治秩序。但是，朴槿惠依然坚持自己的主张，如果不革除党内的弊端，党必将失去生命力，走向衰弱。尽管朴槿惠的构思是为政党的未来考虑，但并未得到众人的认可，而这一提议最终也被废除。

面对改革的失败，朴槿惠决心用自己的行动来表达抗议和不满，她宣布退出大国家党，创立未来联合党，以切身行动推动政党改革的步伐。

在大国家党副总裁之位的竞选中，朴槿惠的对手为了得胜，使出了各种手段，可谓无所不用其极。可是朴槿惠并没有被打垮，副总裁之位的竞选虽然落败，但她推行新政策的心却变得更加坚定。对手以为战胜了朴槿惠，却没想到促使朴槿惠进一步认清了推行政党改革的紧迫性。

生活中，敌人或对手虽然主观上做着有损于你的事，可是在与他们的较量中，你会逐渐发现自己在不断成长和进步。因此，面对曾经的敌人，在心里大度地对自己说："谢谢你，我的敌人。"

没有敌人和对手，你难以发现自己的弱点和不足，也就失去了进步的机会。就像有苦就有甜，有喜就有忧，万事万物总是相对的，敌人与朋友也不例外，他们都是生活中必不可少的。因此，当敌人为你带来苦恼和忧虑，为你制造麻烦和难题，请不必焦虑。殊不知，正是这些烦恼，锻炼了你应对各种事件的能力。

人总有情绪低落的时候，也许是因为一个人，或者仅仅因为一件小事，久久不能释怀。生活在复杂多变的社会环境中，不同的场合要采取不同的应对方式，去扮演不同的社会角色。有的人对身边的人和事认识不清，由隔膜而误会，又由误会而发怒，实在没有必要。选择和解而非对抗，这样的人更能掌控情绪，进而掌控人生。

所以，面对敌人和对手不要怯懦闪躲，而应该像朴槿惠那样做一个勇敢的女人，直面对手，并在与对手的较量中提升自我。

我就是我，不一样的烟火

每个人从出生那一刻开始，就是一个独特的个体，有着自身异于他人的特质。然而总有一些人，在生活中随波逐流，渐渐将自己的独特性消磨殆尽，成为芸芸众生中平凡的一个。那些光彩夺目的女人，都有鲜明的个性，能够坚持主见，保持本心。

朴槿惠从一个饱受磨难的少女，成为韩国政坛上引人注目的女政治家，很大程度上得益于她拥有主见、坚持自我的个性。不管别人的意见多么诚恳，反对的声音多么尖锐，只要是自己认为正确的事情，就一定坚持到底。正是依靠坚韧执着的性格，朴槿惠才活出了精彩的人生。

在前进的道路上，朴槿惠忍受着种种磨难，这促使她不断反思，并且积极寻找改变命运的路径。后来她意识到，自己的人生就像珍珠形成的过程，只有忍受最初的痛苦和折磨才能结出美丽璀璨的珍珠。

“每次看到珍珠，总是第一眼就被它玲珑剔透的外表吸引。虽然它不如钻石那样光彩夺目，更没有红宝石那样耀眼，但它的美丽却无可替代，总是充满着迷人的气息。”在朴槿惠看来，坚持自我的人才能守护好天性，成就非凡的人生。

朴槿惠遭遇了常人难以想象的苦难，并在默默地忍受中感悟人生，从珍珠身上理解了生命的价值与意义。她认为，外界的看法并不重要，与其费尽力气说服他人，不如选择无视他人的评价，坚持自己的看法。

因此，多年来她一直选择隐忍，在平静的生活中守护着强大的内心。

与其他韩国政客不同，朴槿惠从来不主张派系政治。她认为，所有的党代表和议员应该各司其职，互相协作，共同为了大韩民国的未来而努力。这种与众不同的政治风格也为她带来了很多麻烦，但是面对种种非议，坚守自己的政治路线无疑是唯一的选择。

世界上的许多事情，如果按照既定的标准去做，就不会滋生烦恼和麻烦，但是这样做也有一个无法避免的弊端，那就是限制了你的创新才能。朴槿惠选择与现有路线完全不同的道路，是因为她始终坚信，遵从内心的选择没有错误。

2000年，朴槿惠来到淑明女子大学做演讲，宣称自己从政并不是为了个人过上舒适的生活，而是要开辟一种全新的人生，尽管这个过程非常艰辛。

在国政监查的时候，一般的党首代表都不会出席，尽量避嫌，但是朴槿惠却总是亲自出席，并且提出中肯的意见。朴槿惠曾经提名一位普通韩国人为总理，这让人们大呼吃惊。走前人未走过的路，这就是她的风格，也是她的本色。

此外，朴槿惠清楚地看到了韩国政治的弊端，因此总是打破现有的规则。无论亲信还是非亲信，她总是一视同仁，平等对待。这些异于其他政客的做法，让朴槿惠展示出鲜明的政治特色，也帮她赢得了更多支持。

后来竞选总统的时候，她曾自信地说道："东南亚的一些国家已经出现了女总理、女总统，为什么韩国不能出现?""我就是我，不一样的烟火"，为什么不在有生之年活出一个全新的自我呢?

每个行业都有既定的规则，政坛也不例外。随着时代的发展，那些成文或不成文的规定已经不再适应现行政治，可是人们已经习惯尊从，去适应大环境。朴槿惠是一个敢于打破常规的人，既然看清了韩国政治的弊端和不足，就无法像其他人一样坐视不管。

在许多人看来，朴槿惠是一个固执的破坏者，不去适应规则，却企图打破规则，建立新秩序。这让她看起来特立独行，与众不同，完全是一个异类。然而就是这样一个“另类”，在坚持己见中成为韩国的政治明星，赢得了更多人的支持，一步步推行着自己的政治主张。

世间的芸芸众生，总是按照某些成文或不成文的规定，做着相同或相似的事。久而久之，人的独特性消失了，成为一个个思维方式、行为模式趋同的人。每一个人都是独一无二的，如果想活得精彩，过上梦想中的生活，就要坚持本色。对优秀的女孩来说，无论生活多么平凡，她们都会活出一个与众不同的自我。

每个女人都应该坚持自己的个性。在岁月的长河中，慢慢磨去的应该是你的弱点，而不是你的坚持和独特。坚持做你认为正确的事，旁人却认为不妥。为什么呢？大抵是因为从来没人那样做，大家怀着抵触的心理审视你的一举一动。此时，不妨成为众人眼中的“另类”，坚持做独特的自己，摆脱平凡人生的窠臼。

在这个世界上，每个人都是独特的，都有鲜明的个性。像朴槿惠一样坚持自己的本心，追寻内心深处最渴望的东西，就容易按自己的意愿过一生。

致国家：你是我唯一的使命

人生似一段旅途，每个人都对其充满了无限期待。在旅途中的遭遇不同，人生之路也就千差万别。然而，纵使一生变数颇多，捉摸不定，但总有一些人不忘初心，始终坚守理想。

很多女孩向往精彩的人生，希望轰轰烈烈地活过，拥有一段荡气回肠的爱情，走过一段刻骨铭心的生命旅程。也有人偏爱平凡恬淡的人生，愿意同爱人静静地相伴，看着孩子一天天健康长大，这对他们来说就是最大的快乐。

朴槿惠从小就向往“平凡的生活”，希望找到一份甜蜜的幸福。但是万万没有想到，她从诞生的那一刻就注定了与平凡的生活无缘，这或许是命中注定。

刚出生的时候，朴槿惠就被戴上了“总统女儿”的光环，让她与平凡的生活再无瓜葛。童年时代，朴槿惠喜欢收看《世界儿童新貌》节目，羡慕电视里那些普通人家的孩子。他们或许没有富足的家庭，没有漂亮的衣裳，没有可口的饭食，每天一边帮着父母干农活，一边怀揣着自己的梦想。这样极其简单、极其平凡的生活，却令朴槿惠羡慕不已。

父母先后离世后，朴槿惠开始背负一个又一个重担。在成长过程中，她看到了自己与国家、人民的命运是紧密联系在一起的，决不能脱离人民而追求自己想要的简单生活。当生命中的厄运不断降临，朴槿惠看透了尘世的繁华和虚伪，看透了人心的险恶，时常靠着窗发呆、凝思。她什么都不愿再相信，不知道自己存在的意义是什么，甚至连爱情都成了一种想象。

本来，朴槿惠可以像普通人一样结婚，过着相夫教子的平凡生活，但是在她心里一直有一个使命：“我没有家庭需要照顾，没有子女继承我的财产。国民就是我的家人，国家就是我唯一服务的对象。”对朴槿惠来说，自己的人生使命就是为国家奉献。

虽然失去了“总统女儿”的光环，身边更无人支持，但是朴槿惠清醒地知道自己的梦想是什么——为父亲完成未竟的事业。于是，她毅然决定放弃平凡的生活，选择与险恶作斗争，将建设韩国的责任放在了自己的肩头。

回归政坛后，朴槿惠屡次创造选举的神话，被人称为“选举女王”。此时，她只有 38 岁，完全不用如此拼命，甚至可以抽出时间考虑个人问题。这也是她能够过上平凡生活的最后时机。但朴槿惠却义无反顾选择了政治，选择站在国家的高度上牺牲全部的个人生活。

显然，没有人强迫朴槿惠做出这样的选择，没有人要求她必须牺牲自己。在个人与使命中，朴槿惠坚定地选择了使命。对这个看似弱小的女子来说，重塑韩国的未来是自己真正的使命，她要继续为父亲生前的愿望而奋斗，实现韩国国民的幸福生活。

显然，朴槿惠并非从幼时就立志进入政坛，成为总统。她对人生的期许和认知，随着生活的跌宕发生了翻天覆地的改变。曾经，朴槿惠向往平凡的日子，有一个小家，有疼爱自己的丈夫，懂事的儿女，晨起的时光，忙碌在厨房里，做一桌可口的饭菜……然而，没有人想到，现实令她对人生的期望在若干年后走向了另一端。

二十几岁的年华里，朴槿惠本该享尽繁华，却饱尝了人生的艰难和苦楚。接连不断的苦难中，她的眼界早已不再局限于平凡的幸福，而是将目光放得更远了，国家成为她的使命，国民成了她的牵挂。

对朴槿惠来说，个人的幸福已经不是她这一生中所追求的。没有父母，没有丈夫，没有子女，朴槿惠无缘享受寻常女人的幸福。她所拥有的，就是建设新韩国的梦想，国家也就自然而然地成为她唯一的使命。

每个人都有特定的人生轨迹，只有认清了自己的使命，才能朝着更为圆满的方向发展。朴槿惠心系国家，将国家作为自己的使命，为了心中的理想奋斗着。而作为平凡生活中的女人，又该如何认清自己的未来呢？

认清自己的使命，首先要明白你追求的是什么。比如，有的人希望在工作岗位上步步晋升，身居高位是她们的梦想，那么将工作做到完美就是这些人的使命。如果你不清楚未来的方向在哪里，就要给自己一点时间，静下心来，思考一生所求是什么。

人生之路的差异，源于每个人的梦想与使命不同。朴槿惠将国家看做自己的使命，因而一番奋斗之后成为韩国总统。生活中，当你明确了自己的努力方向，并为之奋斗，自然容易过上有意义的人生，收获快乐与幸福！

最温暖的时候，也是最该防寒的时候

月有阴晴圆缺，人有旦夕祸福，即使现在过着十分安稳的生活，依然不能放松警惕，要时刻拥有未雨绸缪的智慧。

当你面对成功的时候，很可能掉以轻心，让成功离你而去；当你离成功很远的时候，却能够做到居安思危，从而立于不败之地。因此，一个人要想保持永久的成功，必须做到绝不骄傲自满，在得意的时候决不忘乎所以。

对朴槿惠来说，她最懂得“得意之时莫忘形”的道理。在最温暖的时候，也是最该防卫严寒的时候，她时刻保持着清醒的头脑，不被外界的假象迷惑。这份独立自省的认知，十分可贵。

2004 年 3 月 24 日，是朴槿惠担任大国家党代表的第一个工作日。当她面对着汝矣岛国会对面极为气派的党部十层大楼时，并没有趾高气昂地走进去，而是向事务总长传达自己不会到这个党社上班的意愿。她说：“韩国国民已经因为我们党的腐败而失望了，因此不该再使用这个党社才对。”

显然，朴槿惠没有被眼前的胜利冲昏头脑，她很清楚自己当前的处境。当时，大国家党早已偏离了建党的初衷，被少数居心叵测的人控制，整个政党内部混乱不堪，腐败、贪污事件层出不穷。这时候，政党已经陷入了空前的危机之中，急需一位能人来拨乱反正。

为了挽救危机中的大国家党，朴槿惠首先做出了一个令人大跌眼镜的决定，她准备同党员们一起将豪华气派的党部大厦的牌匾卸掉，将大厦抵押出售。而新的办公地点选择在汝矣岛的一块空地上，党员们拿来帐篷，搭建起新的办公场所。

帐篷党部的办公条件十分简陋，尽管苦不堪言，但朴槿惠却希望所有的党员都能记住，不要忘记国民的警告，要时刻保持居安思危的思想，切实整改原来的陋习。对于这段帐篷党部的经历，朴槿惠在日记中写道：

“帐篷党部的生活十分辛苦，尽管那个时候已经到了三分月，但是气温依然偏低。那段时间经常下雨，坐在帐篷里能感受到不断袭来的寒气，而且更糟糕的是，用集装箱做成的会议室还会漏水。外面下大雨，里面下小雨，外面雨停了，屋里还在滴滴答答地漏水。

“好不容易熬过了寒冬，但迎接我们的还有酷暑。由于集装箱吸热能力很强，帐篷的防晒功能很差，所以一旦天气变热，集装箱和帐篷里的温度也会迅速攀升，坐在帐篷里办公就像是在蒸桑拿。稍微呆一会就满身大汗，有的人甚至因此长了痱子，更有人受不了高温的折磨，中暑昏倒。

“这一切的状况我都心知肚明，但我一再告诫自己的党员们，即使我们现在遭受着难以言说的痛苦，我们也不能心生任何怨言，因为这一切都是我们咎由自取，我们必须为了重新树立清正廉洁的政党形象而努力，挽回民众的信心。”

一时的安稳并不能代表永久的安稳，处在巅峰之上要十分小心。为了化解危机，朴槿惠未雨绸缪，用实际行动向国民展示了自己深化改革的决心和意志，带领所有大国家党的成员在国民面前谢罪，重新拉回了与国民的距离。

“祸兮福之所倚，福兮祸之所伏。”祸与福互相依存，可以互相转化，坏事可以引出好的结果，好事也可以引出坏的结果。因此，任何时候都不能放松警惕，尤其是在胜利后万万不可冲昏头脑，失去理性分析和判断。

所谓“物极必反”，朴槿惠知道做什么事都需要有一个度。取得成功的时候，不骄傲；而遇到挫折与失败后，不气馁。成功不可能一劳永逸，失败也是正常的。作为一名女性，当选大国党代表确实值得骄傲，但是朴槿惠没有被幸福冲晕头脑，没有趾高气扬地对待眼前的胜利，而是谨慎地对待眼前的一切，戒骄戒躁，谦虚谨慎。

在朴槿惠看来，低调做人，会一次比一次稳健；高调做事，会一次比一次优秀。谦卑是一种人生智慧，是为人处世的黄金法则。“满招损，谦受益”，谦卑的人容易得到外界的尊重，受到世人的敬仰。

一个成功的女人需要懂得未雨绸缪，懂得居安思危，防患于未然。朴槿惠做人低调，做事高调，身在高位，如履薄冰。更可贵的是，她谦虚谨慎，胜不骄败不馁，因此在事业上取得了重大成功，并维持了长久的胜利。

“帐篷党部的生活给每个人都留下了难以忘却的记忆，给我们身心也留下了很多痛苦，但是经历过那段岁月的人都变得坚强且富有战斗力。我们每个人都仿佛站在了悬崖峭壁上，即使忍受着寒风或酷暑般的折磨，我们依然团结一致、互相激励，势必为政党的改革坚持到底。”这种清醒和真知灼见，体现了朴槿惠深厚的政治智慧和行事能力，值得每一位女性学习。

再难也不做生活的逃兵

人生总是会遇到各种各样意想不到的事情，或是事业不顺，或是家庭纷争。对女人来说，面对残酷的现实往往没有勇气面对，因而很多人总是选择逃避，做生活的逃兵。

然而，世上没有人能够永远过着风调雨顺的日子，每个人总要遭受一些磨难。不同的是，有的人面对磨难仍然神采奕奕，根本没受到一丝影响。因为他们知道，逃避并不能解决问题，反而会让雪球越滚越大，最终让自己崩溃。

当挫折来临，与其选择逃避，做一个胆小的逃兵，不如勇敢地迎上去，接受命运的挑战。一个人有勇气面对一切，再大的挫折也不值一提。因此，永远不要逃避现实，积极面对才是解决问题的唯一办法。

2004 年，朴槿惠当选大国家党代表。此时有人提出，让朴槿惠跟朴正熙总统时代断绝关系。这对刚刚从伤痛中恢复过来的朴槿惠来说，显然是难以接受的。当时，朴槿惠的处境十分不利，执政党执意向她发起攻势，而大国家党内部很多党员也纷纷开始施压，甚至扬言和她断绝关系。

议员李在五甚至公开宣称，朴槿惠是“独裁者的女儿”。面对种种非难，她毫不妥协，始终坚持心中所想，决心要与所有反对者抗衡。朴槿惠越顽强抵抗，这些流言蜚语的进攻就越凶猛。

2004 年 8 月，李在五当面对朴槿惠发难，要求她退出大国家党。面对气势汹汹的质问，朴槿惠没有选择逃避，而是勇敢面对。当时，现场充满了火药味儿，很多议员甚至都不敢大口呼吸。朴槿惠深吸了一口气，义正言辞得进行反驳，当时在场的媒体纷纷记录下了这激动人心的一幕。

对朴槿惠来说，最好的人生并不是一帆风顺，碰到风浪才充满惊喜和刺激。她所向往的人生最高境界是，不管遇到什么样的逆境都不停歇，无论遇到多大的阻挠也绝不放弃。面对人生遇到的磨难和失败，朴槿惠把它们看成是生活的馈赠，是走向成功的阶梯。只有一步一个脚印地踏实前进，才能实现新的飞跃。

朴槿惠在日记里写道："就像是溪流碰到石头才能发出清亮的响声，人生也是如此，只有遭遇过痛苦之后才能勇敢地歌唱。面对生活，与其选择放弃，不如挑起生命的重担，思考自己存在的理由，勇敢地去拼搏。如果把挫折当成伙伴，把真理当成人生的灯塔，那么不管遇到什么样的困难都会有解决的办法。"

正如朴槿惠自己写的那样，她虽然经历了许多大风大浪，却从未熄灭过对生活的渴望。面对生活中不断降临的厄运，她从未选择过逃避和退缩；相反，每一次危机降临，她总是勇敢地迎上去，直视生活赐予她的"财富"。在不断的对抗中战胜磨难，并从中吸取力量，完善自己，朴槿惠愈挫愈勇，变得更加强大。

在许多人眼里，朴槿惠的人生充满了正能量，而她本人也成为许多女性的榜样，鼓舞着众多有梦想的女人不懈奋斗。然而，通往梦想的路途是艰难的，充满逆境与坎坷。陷于逆境之中，挣扎的痛苦会让人滋生消极的情绪，丧失斗志。许多人看不到希望，便缴械投降，成为生活的逃兵，或者继续原地踏步，埋怨命运不公。

其实，命运从来都是公平的，它把失败留给逃兵，把成功献予勇士。从不向困难低头的朴槿惠能够成为韩国总统，与她独立顽强的个性密不可分。如果遇到挫折就退却，这样的弱者只能庸庸碌碌，在平淡乏味中度过余生。

除了朴槿惠，撒切尔夫人、居里夫人、希拉里……古今中外，但凡有所成就的女性面对狂风骤雨时，都会选择迎难而上，冲出逆境。最后，她们成功掌控自己的命运，也就丝毫不奇怪了。

成功人士的经历总是能带给人一些启发，人们在挖掘某些成功特质之时，也能发现自身的弱点。朴槿惠的人生经历告诉我们，成功是勇者的盛宴，逃兵永远与之无缘。因而，想要迈出成功的第一步，就要克服怯懦。

生活时常带给你惊喜，也时常带给你意想不到的困境。在人生的不同阶段，要面对不同的困难。小时候的困难或许只是一张成绩单，而随着年龄的增长，恋爱、工作、结婚……经历越来越丰富，圈子也越来越大，各样困难和不如意也会随之而来。女人本来就多愁善感，如果无法摆脱困境，你的境遇会越来越差。

朴槿惠是新时代女性的榜样，她不断克服困难的努力和付出，值得每个女人学习和借鉴。在自己的王国里，做命运的主宰，那些困难和挫折又算得了什么呢？把磨难当做一次次锻炼的机会，终有一天你会从一颗小草长成参天大树。

第四辑

涅槃重生：所有失去的都以另一种方式归来

“人活在世上，难免会经历坎坷或吃亏，也有可能经历背叛，这些都是无法逃避的。就像这天气，不可能永远风和日丽。冷热交替，严寒酷暑，这些都是正常的。”

就算风雨交加，也要勇往直前

面对生活中的狂风暴雨，很多女性难以承受，进而选择放弃。但是，朴槿惠并未如此柔弱。在她看来，人生中的大风大浪并不可怕，真正可怕的是缺乏面对这些风浪的意志和勇气。每一刻都准备好迎接困难和挑战，那么你就无所畏惧了。

2004年国会选举前夕，大国家党爆出贪污腐败丑闻，这与其一直推行的廉洁奉公形象严重背离。结果，大国家党的支持率连连下跌。朴槿惠临危受命，在关键时刻出任大国家党的党代表，决心让大国家党改头换面，重新崛起。

为了获得更多选票，朴槿惠拿出“黑熊”般的精神，每天只睡两三个小时，一天都在外奔波拉票。有一次，差点因为体力不支而昏倒。由于民众太过热情，朴槿惠每次都会和大家亲切握手，后来手都浮肿起来，连筷子也拿不了。为了不耽误竞选活动，朴槿惠只是简单地用绷带将手包扎起来，继续拜访民众。朴槿惠凭借真诚终于打动了韩国民众，在最后的大选中，大国家党奇迹般地实现了逆转。

看似风光无限的政治人物，背后往往经历着艰难的遭遇。朴槿惠在重返政坛后，始终坚持自己的原则和立场。对于“自由贸易协定”争议，她一直坚持个人主张，宁可增加预算也绝不违反国会对国民的承诺。

真正的领导永远都具备一颗坚强不易摧毁的心，每当遇到艰险，朴槿惠会鼓励自己："再大的船遇到风浪时，如果选择掉头，也有可能沉没。相反，迎着风浪前进，就绝不会翻船。"

迎风破浪，需要具备超凡的勇气和决心，需要敢于与逆境搏斗的精神和魄力。显然，朴槿惠具备这样的精神。她明知道大国家党日渐衰落，却挺身而出，力挽狂澜。而那些退党自保的人，作为面对困难就退缩的弱者，自然无缘享受大国家重新成为韩国第一大党的荣光。

对朴槿惠来说，无论问题看起来多么棘手，都是可以解决的，只不过需要花费些时间。多年来，她正是凭着坚韧和智慧，凭着乘风破浪的能力与信心，成为一个传奇。

毫无疑问，朴槿惠是一个精神强大的女性，面对困难不低头，永远选择迎难而上。这造就了她今日的成就，成为万千女性的榜样。

生活中，也有许多女性渴望能够有所成就，能够发展得更好。目标定下之后，在执行过程中却遇到了重重困难，甚至是狂风暴雨。这时候，她们在抉择的时候就出现了分歧，有些人被狂风卷走了梦想，被暴雨浇灭希望，最后落荒而逃。有的人逆流而上，不惧风雨，以超凡的意志和勇气作为铁甲护盾，抵抗狂风暴雨的袭击，最终成功了，也与平庸者远远地拉开了距离。

不同的选择必然造成不同的结局。生活是一场平等的较量，任何回报都需要付出代价，没有任何成就不需要持之以恒的努力与乘风破浪的勇气。想要有所成就的愿望很美好，但是如果想不劳而获，便只能贻笑大方。

所谓"不经历风雨，怎能见彩虹"，人生之路上，面对风风雨雨、泥泞险阻，我们要坚定信念，勇往直前。当熬过难捱的狂风与暴雨，你会发现眼前是象征着胜利与荣誉的彩虹与艳阳。

生活失去了希望，就好像人失去了灵魂，成了行尸走肉，虽然还是活在阳光之下，行走在人群之中，却已经不再是一个完整的人了。生活中看不到希望，无论对自己还是对身边的人，都是一场灾难。

试想，朴槿惠如果是一个在狂风暴雨中轻易低头的女人，如果不具备乘风破浪的勇气，怎么会有如此巨大的成就吗？诚然，朴槿惠的成功有诸多原因，坚韧的性格也并不是使其成功的唯一优势，但绝对是促使其走向颠峰的关键。

所以，如果想获得成功，你要改变自己面对逆境的态度。成功属于强者，弱者只能平庸。因而，你如果想成为强者，就要以坚强做护盾，以勇气做刀剑，在生活中遭遇风雨之时抛却畏缩与怯懦，大胆地冲进重重困难之中，与其搏斗，成为生活中的强者，进而拥抱成功。

绚丽的彩虹总要经过狂风暴雨的洗礼，胜利与荣誉也总是在拼搏之后才彰显它的魅力。因此，做一个敢于与风浪作斗争的勇敢女性，一定能摘取到最甜美的果实。

知己知彼，百战百胜

中国有句古话，“知己知彼，百战百胜”。意思是，在敌我双方都了解的情况下，打仗就能胜券在握，夺取成功。与人交往、合作也是这个道理，只有掌握了对方的脾气和品性才能融洽沟通，达成目标。

离开青瓦台后，政治圈一度流传着朴槿惠出卖父亲的言论。结果，许多人对她变得冷漠，甚至刻意疏远，还有的人选择了背叛。朴槿惠终于清醒地意识到，好人或许并非是好人，坏人也并非是坏人。就像在众人口中十恶不赦的父亲一样，他永远是自己心中一位爱国爱民的好总统。

朴槿惠在自传中写道：“人们如果没有明确的信念，为了追随权力甚至可以随意改变自己的主张，彼此没有信义只有算计。能够遵守原则和信念，用一贯的哲学开拓政策的政治家，简直少之又少。”

外界对父亲扭曲、造假、毁谤等言论，朴槿惠看到了人性的弱点与人心的险恶。既然处境艰难，不如选择离开。所以，这个女人一度销声匿迹 20 年。

这就是朴槿惠，冷静地分析自己的境遇，进退游刃有余。而当她意识到自己该回归的时候，又义无反顾地加入到社会洪流中来，拥抱一切。为了了解韩国社会最新动向，掌握舆情与民情，她必须及时掌握第一手材料。

朴槿惠是个喜欢上网的政治家，但是这样做绝不是为了消遣和解闷，而是为了获取最新的时政新闻，及时了解网上传播的各种消息。最重要的是，她可以通过互联网这种虚拟的方式拉近与国民的关系，了解国民当下都在思考什么。

虽然已经年纪大了，但是朴槿惠有时为了回复网友的提问会整夜不睡。身边的工作人员看她太过投入，都担心她的身体，建议把这些事交由专人负责。但是，这一提议遭到了朴槿惠的强烈反对，尽管工作一天之后十分疲劳，但是只要一上网和年轻人畅快沟通，她就觉得轻松无比。

朴槿惠之所以要亲力亲为，一个人处理网民的问题，就是因为她明显感受到在上网之后发生的诸多变化。在接触互联网之前，朴槿惠总是无法清楚地了解国民的真实想法，在制定大政方针的时候总是感到迷茫无措。但是自从接触互联网以来，她能充分掌握国民的真实想法，这对制定各种方针政策非常有价值。

朴槿惠通过网络了解年轻人，年轻人也通过网络了解朴槿惠。过去，韩国民众总是对朴槿惠的生活充满了好奇，现在他们通过网络了解到真实的情况，从这个女人身上看到了韩国的希望。

2004 年，朴槿惠还未接触互联网，曾向大学生们请教，如何才能让政治更接近年轻人。一位年轻人给她出了一个主意，加入社交网站。从此，朴槿惠开始真正经营自己的朋友圈，并在上面时常更新自己的最新情况，甚至发布自己写的文章。

通过社交网站，朴槿惠打开了与年轻人沟通的渠道，赢得了他们的支持和喜爱，并由此产生了更多思考。她开始谋求韩国在教育、民生以及更多方面的新发展。在与年轻人交流的过程中，朴槿惠还了解到许多当下的流行词汇，比如“素颜”。

朴槿惠觉得这些新奇的词语很有意思，对自己也特别实用。她认为，自己不化妆也一样好看，而“素颜”正好可以展示出自己最真实的一面。朴槿惠甚至把这些流行词运用到一些重要的讲话中去，“作为一名领导人，保持‘素颜’的作风显得十分重要……对于我来说，敢于展示‘素颜’，是一个领导人的必备素质。”

正是对韩国民众有了真实的了解，朴槿惠在政治道路上才能一帆风顺，这恰恰是“知己知彼，百战百胜”的智慧。实际上，能够充分了解对方，并善于站在对方的立场看问题，有助于我们“知彼”，也大大有益于“知己”。

希腊德尔菲神庙门前，写着这样一句箴言：“认识你自己。”古希腊人把它奉为“神谕”，象征着最高智慧。“人贵有自知之明”，科学地认识自己对人生具有重要的意义。

一个人可以了解他人，了解社会，甚至了解事物发展的规律，却很难了解自己。大千世界，茫茫人海，能够真正认识自己的人极少。朴槿惠不断地通过各种渠道与民众建立联系，实时了解民众所想，倾听民众的心声，了解政府在民众心目中的地位。同时，不断地发现、认识自己和政府的不足，真正做到了知己知彼，这份坚持和努力令人感动。

世界每天都在变化，新事物、新技术都在不断地涌现。一个女人想有所作为，就应该懂得不断接触新的事物、接受新思想，掌握新的知识，跟上时代的步伐。朴槿惠没有懈怠，她紧跟民众的脚步，了解社会的动态，捕捉人们的思想发展轨迹，不断尝试新事物，走在了时代前列。

现代社会竞争异常激烈，满足于现状，停留在原地不动的女人，总有一天会被这个时代抛弃。“知人者智，自知者明”，了解他人的人聪明，了解自己的人明智。朴槿惠作为韩国新一代女政治家，既有女人身上少有的聪明，也具备做事的智慧，真正做到了“知己知彼，百战不殆”。

将心比心，用真心善待他人

在现代社会中立足，必须与他人打交道，建立起稳固的社交圈子。而为了维护好人际关系，需要真心对待他人，满足对方的心理诉求。因此，让心胸开阔起来，善待周围的每一个人，自然容易赢得更多理解和支持。

朴槿惠经历了多次起伏，而后重新回到大众的视野中，并很快成为受欢迎的政治人物，关键就是她对韩国民众将心比心。用真心诚意的态度对待民众，让大家心悦诚服地支持自己，这是收获人心的关键。

韩国民众的确是从内心深处喜爱朴槿惠的。每当她面含春风、笑容满面地出现在公众视野里，民众便能从她身上看到韩国的未来，特别是那随时略带微笑的酒窝，更让人为之倾倒。

对年轻一代来说，尽管他们并不喜爱政治事务，甚至有些反感，但每当听到朴槿惠出现在某处的消息，必定会蜂拥而至，前去一睹女政治家的风采。很多年轻的学生更是把朴槿惠当成了心中的偶像，只要她一出现，就会围绕在身旁等待签名，从不掩藏内心对朴槿惠的喜爱之情。

面对疯狂的支持者们，朴槿惠总是耐心地倾听大家的要求，满足大家的愿望。朴槿惠非常喜欢接近这些朴实、单纯的民众，并且能够发自真心地关心大家的生活。朴槿惠的绝大多数支持者都是50-60岁的老一代选民，他们十分怀念“朴正熙时代”，希望昔日总统的女儿能够带领国家重现当年的辉煌。由于年龄相仿，朴槿惠又显得朴素而亲切，另一部分年轻的选民则把她当成了亲密的朋友。

在不同年龄层的选民中间，朴槿惠发挥了巨大的影响力，因为她总能主动亲近选民，真心善待周边的人。朴槿惠时常强调，国家选举决不能铺张浪费，国家开支一切从简。这种举动也在无形之中拉近了与民众的距离，使得她在民间的声望极高。

2004 年 3 月 25 日凌晨，朴槿惠出现在了汉城中区北仓洞的人力市场。由于韩国经济持续低迷，“探访民生一线”成了朴槿惠的重要工作。朴槿惠每到一处，都吸引了众多的人与之握手。为了能够得到朴槿惠的签名，大家甚至排起了长队，很多人激动地说：“希望您能让经济复苏，改善我们的生活。”

由于聚集的群众越来越多，安保人员为了朴槿惠的安全，拉起了警戒线，但是她却阻止了安保人员的举动：“只有更近距离的接触人民，才能掌握他们的真实情况，了解最真实的民生动态。”

在此次探访之后，朴槿惠为了减轻随行人员的负担，独自一人坐着出租车回到了办公室。在回去的路上，她还不忘和司机闲谈，了解民众的心声。

3 月 27 日，朴槿惠又来到汉城火车站前厚岩洞那些低矮的居民区，对那些因为生活贫困而聚居在此的人进行了慰问。看到一家 4 口挤在一间不足 3 平米的漆黑房间内，朴槿惠难过地说：“我一定要尽全力让底层人民过上好日子。”

朴槿惠总是能够把国家和人民的利益放在第一位，真心实意地善待身边每一个人。因此，她赢得了越来越多的支持，在从政之路上高歌猛进。

世界是五彩缤纷的，生活是精彩有趣的，而人的情感是多种多样的。生活中，我们时常与各种各样的人打交道，面对不同的人要采取不同的交往方式。但是，只要怀着一颗真诚的心，任何难接触的人都能为你敞开心扉，取得令人惊喜的收获。

你需要被理解，就应该理解别人的感情；你需要安全的庇护，就应该帮助别人排忧解难；你需要精神的安慰，就应该接受别人的倾诉；你需要生活的照顾，就应该竭尽所能关照别人；你需要鼎力支持，就应该在关键时刻伸出援手。

朴槿惠正是做到了时刻为他人、为韩国民众着想，才收获了更多支持，成为最受欢迎的政治人物。当我们为别人多做一点的时候，也能收获更多。朴槿惠帮助韩国民众解决了民生问题，同时也是在完成自己的梦想。“天下没有免费的午餐”，如果你吝啬付出，就不会获得任何回报。

孟子曾经说过：“君子莫大乎与人为善。”作为社会中平凡的一员，我们没有办法独自生存，必须与其他个体发生联系。那么，如何处理好与他人的关系呢？首要的原则是真心善待他人。朴槿惠并不把和民众交流看作是赚取政治资本的手段，而是真心实意地了解民众中存在的问题，尽力让民众过上好日子，这才是她最真实的想法。

女性更擅长站在别人的角度考虑问题，具有与生俱来的同情心，因此只要多加努力，一定能够充分理解他人的真实想法，做到与人融洽相处。真心善待身边的每一个人，用理性、善意、爱心和责任面对生活，你会获得更多信任和理解。

有梦想，谁都了不起

人类因梦想而伟大，逆势前行的路上尤其需要美好愿景作伴。美国前总统威尔逊说，每个成功的人都是伟大的梦想家，每个人都在梦想着自己的未来。有的人让梦想熄灭，有的人悉心陪护梦想，慢慢让它变成现实。

朴槿惠是一个幸运儿，因为她一直都在为了梦想而活。她很清楚，自己承受的痛苦到底是为了什么，自己所要追求的是什么。多年来，她一直都在细心规划着自己的未来，一步步将梦想变成现实。

2006 年，朴槿惠来到中国烟台进行访问。在当地，她亲眼看到了烟台与大连之间的铁路渡轮。铁路渡轮渤海一号可以承载 50 辆货车，50 台 20 吨重的卡车，20 台轿车，同时还能搭乘 480 名乘客。它往返大连和烟台，比铁路运输的距离整整缩短了 600–1000 公里。铁路渡轮的方便快捷以及巨大承载量，让朴槿惠十分惊讶。她相信，韩国若要运行铁路渡轮，也不会有问题。

参观完渤海一号之后，一副美丽的图景便出现在朴槿惠的脑海中：韩国制造的重装备以及货物被装载在铁路渡轮上运往中国，中国产的木材与建筑材料同样被装载在铁路渡轮上运往韩国的港口。心中这个美好的梦想让朴槿惠十分激动，如果这一设想能够实现，中韩两国的贸易往来将大大加强，韩国的经济也将得到巨大提升。

什么是梦想，就是不管它是否能够实现，你都会不断地为之努力奋斗。人生需要有追求，而梦想就是你追求的目标，它像一盏明灯，照亮了你的生活，让人生变得有意义。拥有梦想的人总是乐观的，他们满怀希望，即使碰到艰难险阻，也从不退缩。没有梦想的人形容枯槁，看不到生活中积极的一面，总是逃避现实，大多一生碌碌无为。成为一个有梦想，有追求的女人，从此你的人生就会更加丰满多彩。

对每个人来说，梦想都拥有极为强大的力量。梦想是一种信念，支撑着人们奋力前行；梦想是一缕明亮的月光，在漆黑的夜晚引领人们前进的步伐。人生如果没有梦想，就像鸟儿折断了翅膀，失去了展翅翱翔的动力；就像黑夜没有了月亮，一片漆黑，看不到方向。

朴槿惠拥有了将韩国半岛与大陆连接起来的伟大梦想，所以具备了向前的坚定力量，才有了为实现梦想持续付出的努力。如果没有远大的梦想，朴槿惠可能就是一个普通女性。千万不要小瞧梦想，它是人生成长、进步的重要推动力。

许多女性都有远大梦想，但常常怀疑自己，认为它虚无缥缈，实现的可能性很小。于是，她们在追逐梦想的过程中遇到一点困难，就打起了退堂鼓。朴槿惠以其亲身经历让我们看到，任何梦想只要坚持就能实现。

后来，朝核问题爆发，铁路渡轮的梦想受到严重打击，几乎破灭。但是，朴槿惠没有灰心，依然坚持着梦想，并亲自到中国考察。相信在不久的将来，韩国必将实现铁路渡轮，促使韩国经济得到飞速发展。

女性朋友要牢记，有梦想谁都了不起。不要嘲笑别人的梦想不切实际，只要一步一个脚印，心中所想就会一步步变为现实。

爱因斯坦曾经说过:“人类因梦想而伟大。”人生获得的每一次进步，最初都源于自身的梦想。“梦想”像一枚指南针，指引着人们走上光明的道路，实现良好的预期。心怀梦想的人不畏艰难、努力拼搏，并有效排除种种烦恼和痛苦，享受愉快、自信的生命旅程。

每个人在内心深处都会拥有一个梦想，随着年龄的不断增长，这个梦想也会发生变化。年幼时，很多人梦想长大能够成为医生、科学家、宇航员……读书时，梦想能考上好的大学；毕业后，梦想能拥有一份体面的工作……随着不断长大，梦想也变得越来越具体，越来越现实。不管梦想如何改变，只要它留在心里，人生就有了奋斗追求的目标，就充满了力量。

新时代女性不仅要学习朴槿惠坚定地拥有梦想，更要学会为了实现梦想拿出实际行动，脚踏实地，否则梦想将会变成空想。在追求梦想的过程中，往往会遭受困难、寂寞侵袭，但一定不要被它们击垮，始终坚定信念，保持乐观向上的心态，梦想一定会实现。

大胆放飞梦想吧，它是你的隐形翅膀，带着你翱翔，为你送去无穷的力量；勇敢追逐梦想吧，它为你的青春留下绚丽的光彩。努力实现梦想吧，谁说你无法成为明天的奇迹！

在绝望中寻找希望

人们总是认为，危机只会带来失败和痛苦，令人感到绝望，失去继续奋斗的信心。但是，危机之中却依然潜伏着机会，它等待着那些涅槃重生的人去发现。

如果一个人能够在危机之中迎难而上，跨越艰险，那么必定能够发现机遇，创造一片属于自己的天地。朴槿惠就是这样的人，尽管处在绝望之中，却依然盛开出了希望的花朵。

2006 年 5 月 20 日，对朴槿惠来说是一个重生的日子，这次事件是她这辈子最接近“死亡”的一次。这一天，朴槿惠为帮首尔市长候选人拉选票，准备登台发表演说。忽然，一名男子从人群中窜出来，拿着手中的文具刀刺向朴槿惠的面颊。

现场的工作人员被突如其来的刺杀吓得六神无主，一时间竟不知道该如何应对。没想到朴槿惠却十分镇定，还安慰身边的工作人员不要惊慌。顿时，朴槿惠满脸鲜血，长达 11 公分的伤口让人触目惊心，人们甚至可以看到翻卷开的皮肉组织。

在去往医院的途中，朴槿惠仍然非常淡定，甚至安慰大惊失色的秘书室长刘正福，“都是我的错，让你受惊了。”进手术室的时候，朴槿惠还嘱托身边的工作人员，现在是选举的关键时刻，希望大家齐心协力，毫不动摇地支持此次选举。

遭遇袭击之后，朴槿惠每天只能喝一些稀饭。因为伤势有些严重，伤口愈合需要时日，每天晚上睡觉的时候，她只能侧躺，否则就会碰到伤口，疼得醒过来。

负责治疗的医生说，朴槿惠能康复简直是一个奇迹。因为伤口长达11厘米，而且非常深，万幸的是伤口刚好避开了面部神经。幸好美工刀割下的瞬间有偏斜，如果直线割下去，颜面神经绝对受损，甚至必须过着一辈子都无法合眼或张嘴的生活。伤口不偏不倚，刚好停在接近颈动脉的地方，如果再长一点点，朴槿惠很可能会在三分钟内身亡。

对朴槿惠来说，此次磨难能够侥幸逃脱，自己也变得更加勇敢无畏，坚定了为祖国奉献的决心。出院的时候，她对媒体说："为了报答所有帮助过我的人，为了实现国家的富强和民主，为了国民的幸福，我会倾尽自己的一切，投入到国家事务中去。"

这就是朴槿惠，一个涅槃重生的奇女子。后来，她在自传中说："在经历过这么多变化之后，自始至终从未变的只有当初决定从政时，决定未来人生不再属于自己，而是属于国民的决心，以及未来只专注于国民与国家的意志。"在经受考验的过程中，朴槿惠充分发挥了一名优秀领导人的才能，最终化险为夷，浴血重生。

如同所有经历了痛苦，并最终有所成就的人一样，朴槿惠在历经了艰难险阻和一次次的考验之后，逐步走向成熟。为了涅槃重生，成就全新的自我，她在多年的蛰伏中不断历练自身，经受住了各种考验，完成了常人难以想象的凤凰涅槃式重生。

霍兰德说："在最黑的土地上生长着最娇艳的花朵，那些最伟岸挺拔的树林总是在最陡峭的岩石中扎根，昂首向天。"生命中，没有翻不过去的山，没有过不去的坎。面对艰难险阻，是被困难吓倒，还是振奋精神，决定了一个人的命运。其实，挑战命运、挑战生命的过程能激发人的潜能和创造力，带来令人惊喜的变化。

作为一个女人，绝不能被眼前美好的景象所欺骗而不知进取，只有不断地修炼，才能绽放更美丽的自己。身为女人，千万不要等男人来给你幸福，这样的漫长等待最终只能是竹篮打水一场空。为什么不行动起来，用自己的双手创造幸福呢？请记住，我们有这样的能力。

“凤凰涅磐，浴火重生”是一则古老的传说。凤凰是人世间幸福的使者，每五百年就要背负积累于人世间的所有仇恨、恩怨、不快，投身于熊熊烈火中自焚，以生命和美丽的终结换取人世的祥和与幸福。同时，肉体需要经受巨大的痛苦和轮回后，它们的身躯才能得以更美好地重生。这个美丽的故事象征着在困境中寻求突破，重获“生命”。

朴槿惠不畏惧困难，不逃避，不放弃，在绝望中绽放希望，在痛苦中历练成长。但是，并不是所有的茧都可以化成蝶，只有意志坚强的人才能经历痛苦的挣扎，破茧而出，获得新生。

“人生总会伴随着痛苦，只是你没有勇气去克服它而已，如果你有这种勇气，它就会变成一种巨大的力量。否则，你只有终生被它践踏奴役。”女人真正的成长往往来源于痛苦，每一次都被折磨得身心俱疲，甚至令人几近崩溃。所谓成长的烦恼，往往是痛苦与生活相伴。

朴槿惠在生命最绝望的时刻，依然不忘努力修炼，期待化茧成蝶的那一天。她在日记里写道：“修道修行的目的就是为了修炼自己的思想，只要我们坚持良好的习惯，朝着正确的目标前进，以不懈的行动去实现，就能冲破束缚，化茧成蝶，绽放自己的希望。”

痛苦来临的时候，你要做的不是消极逃避，而是积极面对。女人要学会坚强，学会勇敢，像朴槿惠一样不抱怨命运的不公，勇敢地战胜艰难困苦，在绝望中寻找希望，在涅槃重生中迎来新生。

人是充满智慧的动物，告别懒惰、等待，学会变通、尝试，才不会沿着一条道路走进死胡同。许多有成就的人都有一颗开放的心灵，对新事物保持着高度热情，从不拒绝来自外界的批评声音，并乐于作出一切尝试。

在荷兰首都阿姆斯特丹，有一座建于十五世纪的古老教堂。这座建筑上刻着一行字："事情是这样，就别无他样。"勇敢面对现实，行不通的时候选择改变，人生就会减少很多痛苦和压力。

在漫长的岁月中，一些令人懊恼的事情总会不期而至。这让人压抑、苦闷，甚至陷入痛苦。其实，你的心情不该如此。面对已经发生的事情，就由它去吧，学会坦然接受会让自己更从容。如果仍然走不出失意的焦虑，那就果断转身逃离吧！

成功学大师拿破仑·希尔说："没有任何东西能够换取希望对于人的价值。因为没有什么比希望更能改变我们的处境！"心里充满希望，就有无限可能。

陷入厄运的时候，败北的时候，面对灾难的时候，如果没有了希望，那样的人生是无法想象的。因此，假如上帝在你面前撂下了一座山，那么你绝不要在山脚下哭泣！翻过它就是了！

你能相信的只有你自己

世界上的每个人都是独立的个体，你之所以能和其他人区别开来，就是因为身上体现出了不同的价值。在追逐梦想的道路上，可能独自一人前行，面对困难的时候，你能相信的只有自己。

对很多韩国民众来说，朴槿惠是一位颇有主见的领导人，关键时刻从不随波逐流，而是坚定地相信自己的判断。正是凭借着“相信自己”的执念，朴槿惠总能打破传统，从不为博得大多数人的认同而放弃自己的主张。由此，她赢得了许多人的支持和拥护。

振兴韩国，是朴槿惠再次踏上政坛后的一个梦想。为此，她一直计划着改革。韩国政坛的现状已经远远落后于世界，改革是唯一出路，也是韩国实现现代化的必然选择。同样，改革也是完成父亲心愿的唯一办法。

朴槿惠经常把父亲的教诲挂在嘴边，“一个英明的领导人要敢于走艰难的道路，要坚定地相信自己的主见，因为在政治的漩涡中，你能相信的只有你自己。”父亲的话成了永不磨灭的印记，朴槿惠在离开青瓦台多年后毅然选择复出，走一条别人从未走过的道路，显然离不开这份叮嘱。

古往今来，政治一直被男人掌控。在韩国政坛上，很多人更是对女性执政抱以讥讽的态度。尽管朴槿惠上台后，很多人依然没有改变这种想法。他们总是用各种花言巧语来迷惑朴槿惠，企图干扰她的思维，使其做出错误的决定。许多政治人物拉帮结派，建立自己的小团体，为了派系利益疲于奔命。显然，这不是朴槿惠感兴趣的东西。

如果各党派的党员都在为自己的利益斗争，谁来为普通的民众表达心声呢？朴槿惠凭借着身为政治家应有的良心，毅然决定放弃公荐权。此举一出，立即招来许多反对的声音，很多人开始诋毁这一做法，甚至连昔日的战友也大为不满。在朴槿惠看来，如果党代表每到选举时刻都拥有决定候选人的巨大影响力，那么这个党将不再是民主的党，而是党代表的个人私党。

2007 年 6 月 22 日，朴槿惠在媒体记者俱乐部的演讲中特别强调，她梦想的发达国家应该是不说假话的，正直的人都能获得成功，每个人都会因为自己是大韩民国的国民而感到骄傲和自豪。同时，她还在演讲中主张大韩民国的所有国民，能够为了全社会的利益勇于放弃个人私利。

显然，推行政治改革会阻力重重，注定不会一帆风顺。比如，一些能力平庸的人会通过贿赂手段获得提名，在选举过程中掺入了腐败因素。要改变这一切，自然会遇到许多阻挠。朴槿惠始终坚定地认为，只要最初的方向是正确的，就不会放弃努力。

不同他人苟合，坚定地相信自己，这注定了朴槿惠要比别人承受更多的折磨和寂寞，遭受更多的非议和嘲笑。但是，朴槿惠却得到了自己想要的东西，那就是民众的认可和赞许。在前进的道路上，我们决不能随波逐流，要始终相信自己的理想和判断。

不随波逐流，选择一条和别人不一样的道路，注定经历更多风雨。你眼中的梦想，在他人看来可能一文不值，因此遭受非议和责难无法避免，甚至受到别有用心的人刻意嘲笑和侮辱。但是，这不是你停下脚步的理由，坚强的人懂得迎难而上，为了梦想不离不弃。

一个心智成熟的女人，不会随波逐流，他们的信念坚如磐石。没有底气的人无法赢得他人信任，因为你无法说服别人相信自己。

请自信地做人，自信地做事，自信地说话，自信地追求并坚守心念，千万别轻易地怀疑自己。如果朴槿惠放下心中那份信念，跌进世俗的洪流中去，又怎么能取得现在的成就呢？也就不会实现她“为韩国服务”的梦想了。

美国足球联合会主席戴伟克·杜根说过这样一段话：“如果你觉得自己会被打倒，那你肯定就会被打倒。如果你觉得自己屹立不倒，那你肯定能屹立不倒。你渴望成功，又觉得自己没有取得成功的能力，那你肯定不会成功。你觉得自己会失败，那你肯定就会失败。”

人生的价值并不在于成功所带来的荣耀，而在于树立信念以及努力追求的过程。因此，无论人生的道路是布满荆棘还是充满坎坷，任何时候都要怀着坚定的信念，执著追求。

每个人身上都有独一无二的优秀品质，只要你善于把自己的优点放大，然后自信地展示出来，就能成为不可替代的那个人。

生活中有很多人不能做到这一点，总认为自己什么都不懂，什么都不擅长，整日闷闷不乐。失去了自信，别人说什么就是什么，跟随别人的言论或想法去行动，这样的人往往不会有什么成就，大多一辈子平平淡淡。

究其原因，这样的人连自己都不认识自己，自然也就不会相信自己；不相信自己，又能有什么成就呢？韩国是一个“男尊女卑”观念非常严重的国家，如果朴槿惠也有这样的想法，怎么会像男人那样走上政治道路呢？

信念是改变一切的力量。无论你的处境多么绝望，都要在心底保留一份信念，因为它会激发你的热情和潜能，迸发出无穷的智慧和创造力。可以说，只要信念不死，只要希望永存，一切羁绊最终都会为你让步。

“上帝用模型造人，塑造了你之后，就把模型捣碎了。因此，你是唯一的。”一位哲人曾这样说。大千世界里，每个人都是一道风景，所以不必过多地在意别人的言论和评价，只要走好自己的路，只要做好自己就足够了。

做自己，就是相信自己，不必随世俗之波逐流。做自己，就要保持心灵的洁净，别让雨下进自己真实的灵魂里。正是因为有坚定的信念，梅花才能经一番寒彻骨的磨砺，在冰雪中独自翩跹起舞。永远相信自己的人，能守住心中的一方净土，在尘世做一剂清流。

看看我们身边那些成功的人和事，你会发现这样一个事实：一切胜利皆始于个人求胜的意志与信念。因此，自信和信念是获得成功的前提。生活中，胜利不一定属于强者，但一定属于那些有着坚定信念的人。

一个人如何看待自我，决定了其生活态度。即使你不能成为朴槿惠那样的成功女人，但是只要用一种积极向上的生活态度去感染身边的人，就能成就非凡人生。

失败在前，成功在后

失败和成功就像一对孪生兄弟，形影不离。有时候，它们离得很近，只要稍微坚持一下，你就能揭开成功的神秘面纱，扭转败局。这是一个重生的过程，需要具备强大的内心和耐性。

2007 年，朴槿惠作为大国家党总统候选人参加竞选，发表了一段激动人心的演讲："1998 年，大国家党第一次遭遇失败，在绝望中痛哭。我同大家一起，为未来点燃了希望的火把。2002 年，第二次大选失败，在那个漆黑的深夜里，我发誓决不让大家再次流下伤心的泪水。2004 年 3 月，弹劾'运钞车党'的那个夜晚，大国家党的牌子被狂风暴雨卷走，我们只能躲在漏风的帐篷里办公。2006 年 10 月，我开始思索救党之路，不管它多么艰难，我都会毫不犹豫地接受。因为我坚信，只要跟诸位一起，再大的风浪我也毫不畏惧。2007 年 8 月 19 日，也就是今天，请看我们创造奇迹。"

美国哲学家杜威说："失败是一种教育，知道什么是思索的人，不管他是成功或失败，都能学到很多东西。"挫折是一块磨石，把强者磨得更加坚强，把弱者磨得更加脆弱。朴槿惠面对一次又一次的打击，没有失去信心，依然执着地努力着。她在挫折中成长，遇强愈强。

朴槿惠的政治之路一直都不平坦，先后出任政党的副党首、党首，连续 5 次担任国会议员，走过了一条甚是颠簸的道路。她经历过失败的痛苦，也有过胜利的喜悦，每一次的失利都是在为下一次的成功积蓄力量。因此，朴槿惠能够获得最终的胜利，一次次创造奇迹，令人震惊，也令人振奋。

人们总爱用鲜花、掌声迎接成功者，但成功路上充满了坎坷、荆棘和崎岖。而对待失败者，人们更多是无情的责怪、嘲笑。失败并不可怕，可怕的是失去前进的希望。成功并不是一杯甜酒，而是一杯沁人心脾的苦酒，它是无数次失败伤痛的浸染。有人说，“失败，是一笔难得的财富；而成功，则是对失败的结算。”的确，在朴槿惠看来，失败并不值得沮丧，失败也不意味着结束。

朴槿惠曾经说过，成功就像开山凿石，可能凿了100下，那块巨大的岩石依然纹丝不动，但是当锤头凿到第101次的时候，意想不到的奇迹便发生了，那块石头终于四分五裂。但是最终的成功并不是第101次的敲击实现的，如果没有之前100次的敲打，石头也依然不会裂开，没有前面100次的努力，成功无法实现。因此，每一次的失败其实都是在为最后的成功铺路，所有的努力和付出最终都会获得回报。

孟子说，“故天将降大任于斯人也，必先苦其心志，劳其筋骨，饿其体肤，空乏其身，行拂乱其所为，所以动心忍性，增益其所不能。”上天要让某个人承担重大责任，一定要先使他的内心痛苦，使他的筋骨劳累，使他经受饥饿，以致肌肤消瘦，使他受贫困之苦，使他做的事颠倒错乱，始终不如意，从而让他内心充满警觉，使他的性格坚定，增加他不具备的才能。

朴槿惠的经历告诉我们，失败并不可怕，可怕的是失去继续前行的勇气与坚持。“精诚所至，金石为开。”女人如果没有对成功的那份执着，注定平庸。正所谓滴水石穿，女人可以让自己的生活炫彩照人，摆脱一辈子平庸。这就需要女人跳出常规，选择一条属于自己的路，并坚持走下去。

很多女人在做一件事之前，喜欢征询别人的意见。然而，当她们被建议“不能做”、“做好不易”时，已经开始质疑自己的坚持，逐渐放下本来很想做的事。还没有出发，就败给了自己，这是大多数女人终其一生都没有成功的原因。

朴槿惠对自己选择的道路永不放弃，终于成就了后来的辉煌。她把苦难当做磨练意志和力量的砺石，真正实现了“宝剑锋从磨砺出，梅花香自苦寒来。”成功与失败相伴，失败对强者是逗号，对弱者则是句号。

哲学家奥里欧斯说：“我们的生活是由我们的思想造成的。”每个人都是自己思想的产物，一切生活景象、行为特征都是思维作用下的结果。思考呈现出复杂性、多变性的特征，也使得我们的人生呈现出多样性。而心理学家进一步指出，人的命运是由5%的潜意识决定的。如此看来，破解无序生活、检讨失败人生，还需从个人思想入手。

研究发现，人类思考问题时有一个致命缺陷，那就是往往把注意力放在自己的弱点上，而忽略了个人的优点。这其实是一种消极的心理状态。遇到问题以后，无法从眼前的窘境中摆脱出来，不能及时转移注意力，是许多人失败的重要原因。

塞缪尔·斯迈尔斯认为，要把成功的法则变成为我所用的金科玉律，首先要养成肯定事物的习惯。如果经常抱着否定的想法，就算潜意识里有正面的思考，终仍无法在行动上向成功的目标靠拢。

不要惧怕失败，勇于承受失败的苦难，在困难中经受锻炼，在失败中总结经验，在挫折中不断前行，在讥笑中逐步成长，在摸索中不断提高，在斗争中迎接胜利。有人说，“不幸，是一块石头，对于强者，它是垫脚石，对于弱者，它是绊脚石。”女人要学会做一个生活中的强者，不畏惧失败与挫折，不断历练自己，在反复试错中走向成功。

第五辑

勇挑重担：别低头，王冠会掉

“最大的敌人其实是自己，只有战胜了自己，才意味着战胜了自己的弱点。只有做到了这一点，才能在与他人的竞争中胜出，不会让自己被他人束缚。”

你若不勇敢，谁替你坚强

谈到人生，每个人都有许多感悟，如果用一个词来形容，你会如何描述呢？朴槿惠说，那是勇敢奋斗的人生。她在日记里写道："我最羡慕的电视明星是《中国语会话》、《西班牙语会话》和《沙特林那计划》等晚间外语节目的主持人。当然，这些看似光鲜亮丽的主持人也有不为人知的苦衷，但是我觉得他们过得生活是最安稳、最惬意的。"

"说一句心里话，如果我的命运里没有如此巨大的波折，我也会从事像他们一样的工作。但是，我的人生却是奋斗的人生，我并没有选择的余地，虽然我并不喜欢如此费尽心思地奋斗，对于自己不喜欢的生活方式又无法完全逃避，一切都已注定，我无法逃脱。"

勇敢地走上从政之路，朴槿惠的目的很简单，那就是建设新的韩国，为之奋斗不止。在2007年竞选总统时，朴槿惠就说过："我要从根本上扶正自己的国家。"她认为，新的大韩民国应该是有着根本和原则的国家，这个国家的总统应该带头遵纪守法，以身作则，从根本上消除腐败产生的根源，致力于建设廉洁、高效的政府。

多年来，朴槿惠一直都没有忘记自己的韩国梦。无论是在建设政党，还是建设国家的过程中，她一直在默默地奋斗着，因为唯有奋斗才能看到希望。国家想要强大，就应该改变原有的、陈旧的模式，废旧立新。为此，朴槿惠始终站在挑战和抉择的前沿，不断为新的大韩民国绘制新的蓝图。

朴槿惠拥有的“韩国梦”是不断付出，不断努力，不断奋斗的根源。在多年的努力过程中，她用实际行动告诉民众，自己的人生便是一部奋斗的人生。

2007 年 6 月 22 日，朴槿惠对媒体记者俱乐部发表了演讲，其中特别强调，她梦想中的国家是不说假话的，每一个正直、勇敢的人都能获得成功，每个人都会因为自己的国民身份而感到骄傲。同时，朴槿惠还在演讲中劝告所有的国民一同奋斗起来，为共同的梦想而拼搏，放弃个人私利，创造新的大韩民国。

拥有一份轻松的工作，过着平淡却惬意的日子，这是许多平凡的女性心目中的理想生活。朴槿惠也曾羡慕这样的日子，但与大家不一样的是，她从住进青瓦台开始，就注定再也无法平淡。

作为总统之女，朴槿惠从小就与政治有了联系。当了五年的“第一夫人”，她迅速成熟起来。到后来，更一度认定自己的一生都会与政治紧密相连。

命运的波折让朴槿惠灰心过，失落过，但她却深知自己的使命，并确立了一个远大的目标——建设新韩国。她不知何时才能实现这一目标，不知此生能否完成自己的“韩国梦”，但她只要活着，就要为了这个目标去奋斗。

就像朴槿惠说的那样，她的一生注定是奋斗的一生，别无选择，无法逃脱。她只能全身心地投入到自己的事业中去，完成自己的使命。可以说，是朴槿惠的“韩国梦”鼓舞着她不懈奋斗，同时，也是这种毫不停歇的奋斗让她离自己的梦想更近一步。

每个人的一生都有自己的轨迹，都有各自的定位，就如朴槿惠认定自己一生为政治奋斗，许多人也有自己的奋斗目标，为生存、为爱情、为事业……

“生命不息，奋斗不止”，每个人的一生都应该是奋斗的一生，每个人都应该用坚持不懈的奋斗去彰显生命的蓬勃与活力。生活中，“奋斗”被男人时常挂在嘴边，但这不代表“奋斗”与女人无关。

今天，女人与男人一样活跃在政治、经济、文化等各领域，佼佼者众多，其杰出程度甚至不亚于男性。因此，女人不能因为性别差异就安于现状，将努力与奋斗抛诸脑后。相反，作为一名新时代的女性，应该时刻为自己树立新的目标，并通过自己的努力完成它。自然，这个目标不一定要有多远大，它可以是学会一门语言，掌握一项技能，甚至是读完一本好书……只要它对你有益，便值得努力。

每个女人未必都能成为朴槿惠那样非凡的人，但只要持续努力，不断完善自我，就能为自己加分，在点滴之间改变命运。

我正则世正，世安则我安

人的一生中，最珍贵的品质是什么？面对这一问题，不同的人有不同的答案。有的人说善良、有的人说诚实，有的人说勇敢……以上诸种品质，确实是人生中必不可少的，但一生中最珍贵的，是坚持心中的正义。正义无关性别，作为女人，行走于天地之间，也要保持一身正气，去做一个无愧于心的人。

一个人不管处在什么样的环境里，不管身边有多少诱惑，都不能违背自己心中的正义，永远保持一身正气，并用这种正气影响身边所有的人。朴槿惠便是这样的人，当她振臂高呼“我将以自己的真心向国家发起冲击，再创汉江奇迹”，人们从她身上看到了韩国的希望，看到了未来。

朴槿惠为人正直，她最不喜欢的东西就是作秀。2011 年 12 月 14 日晚，她应邀参加了首尔“六三”大厦举行的“支援麻风病人之夜”的活动。在与麻风病患者握手问候的时候，朴槿惠一直背对着摄像机。

一位政府参谋人员出于宣传的考虑，多次提醒朴槿惠要面对摄像机的镜头。朴槿惠却十分反感地说:“我们是来慰问病人的？还是来参加电视节目的？当我慰问别人的时候，我是要看对方的眼睛，还是看摄像机的镜头呢？”

对朴槿惠来说，做给别人看的政治，就是作秀的政治，而这与自己的原则相悖。朴槿惠反对在国民面前演戏，只有出于真实的动机才能让人心悦诚服。这就是朴槿惠的正气所在，无形之中，她也感染了周围所有的人，让人们相信她、佩服她。

朴槿惠之所以一直秉持这样的正气，是因为她心中始终牵挂着韩国民众。当韩国陷入经济危机时，朴槿惠挺身而出，带领国民奋勇向前。父亲朴正熙在任的时候，目标就是要创造一个富强的大韩民国，让所有人都过上幸福美满的日子。在父亲的影响下，朴槿惠也深信“国家利益为先”的政治理念。只有国家富强，人民安居乐业，文化繁荣昌盛，个人的利益才能得到满足和保障。

朴槿惠在日记中说：“想要端正整个社会就先要端正自身，为人谋平安就是为自己谋平安的过程。我正则世正，世安则我安。在这个世界上，不管是谁都是以自我为中心，遇到事情，人们最先考虑的往往是自身的利害关系以及对自己可能造成的危害。人们对事情的表态也往往取决于个人利益，对自己有利的就表示赞同，对自己有害的则表示反对。”

“只要有一样特长，哪怕是微不足道的手艺，只要能为别人谋利，能够带动贫者致富，就能够释放出超过自身价值的能量，受到周围人的仰慕。前人对于人类道德和修养留下了许多精彩的论述，然而万变不离其宗，归纳为一个字便是‘仁’，即对他人的爱心和关怀。”

朴槿惠的伟大之处便在于此，她总是首先考虑国家和人民，以一种“我为人人，人人为我”的精神做出贡献，这正是优秀政治家的必备素质。朴槿惠不仅倡导人们弘扬正气，关爱他人，还以身作则。从母亲离世的那时起，朴槿惠就开始贡献出自己的价值，一直到担任韩国总统，她始终没有停下过奉献的脚步。

朴槿惠说：“不计报酬的行为是最有魅力的行为，是给人以无限感动的行为。”多年的从政生涯，朴槿惠一直坚守自己的行事准则，那就是“我正则世正，世安则我安。”

保持内心的正义、正直，是朴槿惠做人做事的准则。无论在日常生活中，还是在政坛上，她都坚持心中的标准，不虚伪做作，不演戏作秀。她的行事作风感染了周围的人，让他们深深的折服。最终，朴槿惠得到的是个人魅力的提升，受到了国民的支持和爱戴。

正直，是每一个人都应该具备的品质。生活中，你会遇到各种各样的人，也会遭遇各种各样的事。与人相处，或是处理大小事宜，秉持正义是必须遵循的守则。或许你的周围会围绕着一些品格有所欠缺的人，他们虚伪、恶毒、冷漠……有人被别人影响，被他人改变，逐渐失去了自己的本心，抛却了正直，与人同流合污。

或许，这些做法能让人获得暂时的利益，但是这些人失去的却是自我和良心。在繁华的世界中，无论面对怎样的诱惑，都要保持一身正气，像朴槿惠一般用正直感染他人，改变污浊的大环境，而不是被外界改变。

“我正则世正，世安则我安”，无论周围环境如何，都要坚持自己的行事准则，保持一身正气。有时候，正义会让你与周围的人不同，在复杂的环境中，看起来像一个另类。面对这样的压力，许多人会选择适应环境，主动改变自己，这要比改变环境更容易；然而到了最后，你失去的却是最为宝贵的品质。

因此，要将正直看做你最为珍贵的品质，弘扬自己的一身正气，将周围的污浊之气尽除。就算改变不了环境，你也可以坚守自己，做人做事无愧于心，让你的品格成为一生中最为明亮的闪光点。

没有什么是天生注定

从古至今，那些成功的人往往拥有强大的精神力量，他们从不相信“命中注定”四个字，往往喜欢挑战不可能，把不可能做到的事情做得完美无瑕。在通向成功的道路上，会充满艰难险阻，成功的人走过的道路也并非一帆风顺，但是他们面对挫折绝不会迷茫，而是想方设法寻找解决的途径，坚信自己一定能够战胜困难。

2012 年，朴槿惠决定在年末参加总统选举。7 月 10 日，她召开新闻发布会，宣布将同民众一道，分担忧愁，解决当前韩国面临的问题。在选举中，朴槿惠打出“女总统”的气质进行宣传造势。如果此次朴槿惠能够竞选成功，将打破传统，成为韩国第一任女总统，对韩国具有重大的象征意义。而朴槿惠提出的“做好准备的女总统”口号，也吸引了不少女性支持者的拥护。

身为女性领导人，朴槿惠的优势在于能够以包容的姿态提升韩国在国际上的形象和地位。但是有的人却不断诋毁她，声称女性注定与政治无缘，此次参选不过是陪跑。性格坚强的朴槿惠面对他人的嘲讽自然不甘心，她决定拿出自己的实力，证明大家口中的“不可能”是不堪一击的。

朴槿惠在竞选中没有回避自己的女性身份，反而把它作为杀手锏，宣称“国家就是自己的家庭，国民就是自己的家人”。朴槿惠恳求支持者能够相信自己，承诺为他们开辟一个“变化和改革希望”的新时代。

“命运不是祈祷的，美好的祝辞只是一厢情愿，无法决定它的走向；命运不是巧遇的，即便偶尔撞上好运，但很快它就会还原；命运不是等待的，你滞留的时间越长，它与你的距离就越远。命运是一种选择，选择不同，前景各异；命运是一种改变，能力强弱决定改变内容；命运是一种实现，你付出多少，它就回馈多少。”

在韩国，总统一职始终被男人占据。朴槿惠要向世界证明，只要不认输、不服输，女性同样能够攀登到政治的最高峰。她之所以这么做，是因为自己多年来一直为此长期努力，更有坚定的信念。朴槿惠不相信女性就是政治上的弱者，性别并不能决定成败，能力与不服输的精神才是决胜的关键。

朴槿惠是一个新时代的女性代表，她身上洋溢着积极进取的精神，不仅具有传统女性温柔贤惠的特征，更具有现代女性敢于拼搏的特质，甚至可以说是全世界女性参政的最佳典范。

一个人的命运永远掌握在自己手里。克劳狄乌斯说，每个人都是自己命运的建筑师。朴槿惠用自己的双手建筑自己的命运，她靠自己的努力和拼搏，打破了女人的宿命，超越自己。

“叹人生，不如意事十之八九”，世上不得志的人多于得志之人，不如意的事多于如意之事，人们常常将此与命运联系在一起，感叹命运不济。很多人相信命中注定，因为有太多的东西无法解释。但是如果一切命中注定，就意味着什么都不需努力，勤勤恳恳、任劳任怨更不会有任何裨益。因为命中注定，根本无需做努力，命运的好坏决定成败。但事实并非如此，命运掌握在自己的手中。

朴槿惠深知命运是由自己主宰，牢牢掌握在自己手中。她不会祈求上天的怜悯，而是为了理想不懈奋斗。其实，每个人都是由嗷嗷待哺的婴儿逐渐成长起来，从幼年的懵懂无知到少年之后日臻成熟。每一个阶段，我们都是凭着自己的努力，一点一滴、一步一个脚印地往前走。一路上有过彷徨，有过失落，人们不断地经历着人生的各种考验，并不断反思人生，反思自己的经历，然后继续向前，迎接人生的挑战，命中注定只是失败者的托词。

命运似乎是一个很玄的东西，看不到摸不着，好像冥冥之中已注定。一个人的出身、长相是无法选择的，所以有人觉得命运不公平，于是开始埋怨生活。抱怨生活的不公平，埋怨自己生不逢时，怀才不遇，而这一切除了让埋怨者更为烦恼怨恨之外，没有任何作用。没有一位成功人士是靠怨天怨地怨别人而成功的，所有的成功者都掌握自己的命运，而从来不将命运寄托于别人。

成功的女人能原谅生活，不会抱怨命运的不公平，因为她们知道人生有些东西改变不了，有些东西可以通过自己的努力去改变。像朴槿惠那样，在前行的路上，不要给自己太多束缚，没有什么不可以，没有什么天注定。

和任何人都能成为朋友

每个人都处在各种人际关系网络之中，每个人的成长都离不开社交活动。更大的作为需要更广泛的关系网络，如果你想有所成就，首先要编织一张适合自己的社交网络。

早年扮演“第一夫人”的角色时，朴槿惠与许多国家的领导人保持着良好的接触。凭借着优秀的政治交往能力和危机处理能力，她得到了众多重要人物的一致好评。这为她日后从事政治活动提供了良好的经验。

一个机缘巧合的机会，朴槿惠发现了社交网站的妙用，不仅能够了解当下年轻人对政治的看法，还能拉近与普通民众的距离。经过不断学习，朴槿惠终于掌握了社交网站的使用方法，还在网站上注册了自己的主页，每一条状态都亲自发布，连好友申请也都亲自处理。

朴槿惠之所以这样做，就是为了及时、准确地公开自己的工作内容，让所有支持她的人能在第一时间了解自己的心理动态以及活动轨迹。

在筹备竞选韩国总统期间，朴槿惠的个人主页也发生了巨大变化。从 2012 年 7 月 20 日开始，朴槿惠便组织了以“幸福营地”为主题的留言活动，所有以“幸福营地”为标题的留言都是由朴槿惠一人独立完成。有媒体做过统计，自从在 2010 年注册了社交账号到 2012 年，朴槿惠每天平均发布 3 次信息，粉丝高达 20 多万。

朴槿惠还在脸书上注册了账号，并取名“亲槿惠”，每天在上面发表自己关于治理国家的看法和梦想。在主页上，朴槿惠这样写道:“身为一个政治人物，最重要的价值观就是要遵守同国民的约定。如果忘记了曾经许诺的誓言，就会失去所有人的信赖。想要打造国民信赖的社会以及别国肯定的先进国家，就必须为自己的承诺而付出努力。”

朴槿惠一直都在践行着自己的梦想，也在成就所有韩国民众的梦想。她希望韩国成为每个人都能尽情发挥自己创造力的国家，真诚地希望所有的人都来一起努力，创造这样的国家。为了调动民众的积极性，朴槿惠选择了社交网站这一便利的交流方式，顺利地实现了与国民的沟通，把自己的心声同民众及时地分享，让更多的人看到自己的真诚和执着，从而赢得更广泛的支持。

成功，不在于你知道什么，或做什么，而在于你认识谁。生活中，拥有广泛人脉和社会关系是一种十分重要的资源。通常，你的社交“圈子”决定了你的社会地位，而人脉的深浅、关系的大小深刻影响到个人成功、财富获取。可以毫不夸张地说，在能力相当的情况下，你拥有的人脉资源、关系资源的多少决定了你能办成事情的大小。

朴槿惠认识到了社会支持的重要性，永远把民众当作自己最坚实的后盾。因此，她运用社交工具与广大民众进行交流，让大家在第一时间了解自己的工作和政治主张。显然，这样亲民的方式帮朴槿惠赢得了更多支持者，也极大地调动了民众的积极性，间接地为韩国的发展做出了有力的贡献。

寻找合适的方法赢得更多支持，是女性必须掌握的生存技能。为了共同的理想群策群力，互相支持与帮助，必然能达到事半功倍的效果。然而，许多人没有认识到这一点，结果孤军奋战，成效甚微。

在现代社会，女性怎样才能营造属于自己的社交网呢?

第一，适应新交际圈中的磨合。人的一生会出现许多变迁，从学校到单位，从此地到彼地，从旧环境到新环境，每个人都少不了这样的经历。每次改变之后，你都面临着一个陌生的交际空间，要进入新的交际圈，重构人际关系。在人际关系的磨合期内，你要尽快了解新环境，摆正自己的位置，与更多的人建立融洽的关系。

第二，保持适当的距离。与人交往保持适当的距离，能给对方冷静地观察你、认识你的机会。在逐步熟悉和了解中进行沟通，交流情感，关系就会逐渐变得亲密，彼此的距离就会悄然淡化。

第三，培养交际魅力。一个充满交际魅力的人会令人亲近，从而引得更多的人主动接受她、适应她。于是，人际之间的差异、矛盾会得到有效消除，人际关系磨合自然水到渠成。面对新环境、新朋友，增强交际魅力能让你事半功倍。

像朴槿惠那样，做一个“聪明”的女性，与更多的人交朋友，赢得更多支持与合作，会极大提升个人办事能力。与其单打独斗，不如编织社交网，学会如何与他人一起共同创造和分享美好的未来。

学会运用语言的魅力

人类离不开语言，能善于运用语言魅力的人往往极富吸引力。女性在社交活动中，尤其要注意把握好说话的分寸，表现出灵活的应变能力和谈话技巧，从而处理好各方关系。

有人说女性是感性的，因为太过敏感而缺乏智慧，不懂得察言观色，更不谙熟说话的艺术。但是，朴槿惠却不是这样的女人。无论在什么场合，她总能理性地处理人际关系，用极富魅力的语言化解冲突。这种炉火纯青的语言技巧是长期实践历练出来的，成为她游刃政坛的一种本领。

很多媒体采访过朴槿惠之后，都有一个共同点评价：话很少，但随便说出一句话都很有价值，没有任何废话。朴槿惠总能用一句简单的话把事情简明扼要地叙述清楚，不东拉西扯，也不会答非所问。

一位记者曾经说过，如果在喧嚣混乱的场合里，只要朴槿惠一出声，全场必定能够迅速安静下来。朴槿惠的话具有一种神奇的力量，让人无法拒绝。

在卢武铉政府时期，民主党与大国家党之间就已达成了协议，双方不再讨论关于世宗市迁都的事情。但是在大国家党内部，一些亲李的人士却不甘心，闹哄哄地打着小算盘，以“把世宗市打造成具有尖端科学技术文化的城市”为由，拿出一个《世宗市迁都修正案》。面对党内产生的分歧，朴槿惠没有多说什么，只说了一句“不可以”，便让这件事就此搁置。李明博就任总统后，对民众做出了承诺，将尊重朴槿惠的意见，不再迁都。

在第 18 届韩国总统竞选的时候，由于朴槿惠和李明博同属大国家党，党内首先要进行正式的议员提名推荐，但是党内派系分别明显，逐渐形成了亲朴派和亲李派。大国家党对外宣称将严格秉持公正公平公开的原则选贤举能，但是部分亲李派却暗箱操作，将亲朴派的议员全部淘汰，最终将李明博推荐为大国家党的代表。朴槿惠听闻此事后，说了一句穿透人心的话：“我受骗了，整个国民都受骗了。”

这句简单的话在韩国民间迅速掀起了轩然大波，众人纷纷抗议大国家党的不光彩行径，要求重新选举。作为大国家党的前任党首，朴槿惠看着大国家党如此勾心斗角，四分五裂，不仅让国民失望，更让自己蒙羞。她认为，这样的选举结果没有任何意义，大国家党用了近 10 年的时间才换回民众的信任，这次事件是重大的倒退，必定让大国家党自食恶果。

通俗地说，“语言”就是我们日常说的话。从古至今，语言在随着时代发展变化。作为一门艺术，它在各个时代、各个领域都展示出了特定的魅力。谈到“语言”，人们可能会想到一句谚语：忠言逆耳，良药苦口。这样说话，其实是笨人的方法。真正聪明的女性不会口无遮拦，一定具有化腐朽为神奇的语言能力，可以用委婉的语言将意图隐藏，看似不着边的话语其实大有联系。朴槿惠的语言能力不就是这样吗？

朴槿惠是一个睿智的人，这在她的口才艺术上体现得淋漓尽致。不讲大道理，也拒绝喋喋不休，她总是用最简洁的语言道出事情的真谛，总能“一语惊醒梦中人”。

在复杂的人际关系中，女性掌握一定的语言魅力，会增加极大的亲和力与办事能力。那么，女性如何提升自己的语言魅力呢？

首先，女性要敢于表达观点。真诚是最有力量的一种表达，把自己的想法真实完整地说出来，对方才会理解你的想法。正确的表达应该说话音量适中，语调平稳，速度不缓不急。表达观点的时候要有条理，语气坚定。

其次，准确了解并理解他人。成功说服他人的前提是，先了解他人。心理学有一句非常重要的话，“用别人能接受的方式表达你想讲的观点，这样你才能影响到对方”。因此，说话之前一定要了解他人，这样才能让对方感受到你的诚意与语言魅力。

最后，采用合适的方式。做事情的方式很重要，说话的方式也同样重要，营造一种良好的谈话氛围，是展现语言魅力的重要环节。

说话令人受用，不只是一个表达技巧的问题，还能养成学习、观察的好习惯，不断约束和修炼自我。思考说话的技巧，悟出来的道理才能内化于心。

努力，成为一个很厉害的人

一生中总会遇到各种各样的困难，有些人在困难面前节节败退，美其名曰“知难而退”，最终止步不前；有些人偏偏迎难而上，不气馁，不服输，最终战胜困难，赢得胜利。

正所谓“世上无难事，只怕有心人”，对意志不坚的人来说，再小的困难都能让其退缩，而在心有大志、不畏艰难的人看来，再大的困难都有克服的办法。

朴槿惠就是一个敢于直面困难，并迎难而上的人。在她看来，没有什么困难是不能克服的。那些看起来不能解决的麻烦，只是因为还没找到正确的方法，而她的一个重要职责就是找到对策，解决困难。

在与李明博交手失败后，朴槿惠并没有气馁，她重整旗鼓，准备参加第二次总统竞选。2012 年 7 月 10 日上午，朴槿惠在首尔永登浦时代广场召开新闻发布会，表示将同所有国民一起，共同分担忧愁，解决国家当前面临的难题。朴槿惠表示，自己有信心成为一名合格的总统，帮助所有的人实现梦想，打造一个筑梦、圆梦的政府。由此，朴槿惠义无反顾地踏上了竞选总统的道路。

2012 年 11 月 27 日，韩国第 18 届总统选举拉开了序幕，在韩国中央选举管理委员会公布的名单中，朴槿惠为 1 号候选人，民主统合党文在寅为 2 号候选人，统和进步党李正姬为 3 号候选人，无党派候选人则按照抽签顺序进行排序。确定完候选号码后，朴槿惠等人便开始了马不停蹄的拉票活动。

朴槿惠的支持者大多是强硬的保守派和中老年人，他们大部分都经历过朴正熙执政的年代。那个时候，韩国实现了工业化的飞速发展，经济增长十分迅猛，许多人因为对朴正熙的信赖转而支持他的女儿，希望朴槿惠能够再创“朴正熙时代”的辉煌。但是，占选民绝大多数的年轻人并不这么认为，他们觉得朴槿惠的出身难以让她理解普通民众的疾苦，无法深入基层，倾听底层的声音。

一些年轻的选民更是把朴正熙执政期间，使用铁腕统治政策以及镇压反对派的做法翻出来，将一腔怒火全部倾洒在朴槿惠身上。与此同时，许多民主自由派的人士也纷纷表示，如果朴槿惠最终当选韩国总统，将会让韩国的民主进程倒退 20 年。面对这些指责，朴槿惠能否获胜让人颇为担忧。

可以说，朴正熙女儿的身份既给朴槿惠带来了帮助，也增添了许多麻烦。面对种种非议和不利的形势，如果选择无视，那么所有的努力都将白费。在拉票的过程中，朴槿惠坦诚地对所有非议做了正面回应。她表示，自己上任后将开创中产阶层占人口七成的新时期，全心全意为国家服务，像一个母亲一般奉献自己的一生。

按照规定，此次总统选举将于 19 日上午 6 时，在全国 13542 处投票站开始投票，并在晚间 6 时结束。投票开始以后，朴槿惠的得票率令人期待。韩国 KBS 电视台发布消息称，朴槿惠的支持率曾一度达到 38%，领先第二名候选人近 20 个百分点。尽管她在此次竞选中取得了压倒性的优势，但是想登上总统宝座，依然有很多困难。

12 月 20 日凌晨，中央选举委员会公布了最终结果，朴槿惠的得票率为 51. 6%，共获得 11577. 31 万张选票，成功当选为第 18 届韩国总统。谁也不会相信，曾经陷入深渊的朴槿惠能再次创造辉煌，重返青瓦台，继续自己的政治生涯。

这个朴正熙时代的代理“第一夫人”，天之骄女，后来被人从青瓦台赶出来，成为前总统的孤女，而今成功当选韩国历史上第一位女总统，一生堪称传奇。朴槿惠一生跌宕起伏，她的晋升之路也超出了民众的意料。“世上无难事，只怕有心人”，朴槿惠用实际行动践行了这句真理。在她身上，人们看到了希望，更加真切地认识到：在这个世界上，没有什么无法做到，只要敢于和命运抗争，就一定能创造辉煌。

2012 年的总统大选可谓一场空前激烈的政治角逐，反对方利用一切言论来损害朴槿惠的公众形象。批评者说她是“冰公主”、“冰女王”，暗指其继承了父亲的铁腕无情，没有亲民的魅力。面对这些言论，朴槿惠说：“冰，是坚硬万倍的水，结水成冰，是一个痛苦而美丽的过程。”

许多时候，你不主动便会陷入被动，你不回应对手，便会被对方抓住把柄，当真如“逆水行舟，不进则退”。作为朴正熙之女，朴槿惠参加竞选总统是“明知其难而为之”。她以一种睿智、沉稳的态度，面对重重困难，并逐一克服难关，最终问鼎总统宝座。

女人在生活中会遇到各种难以想象的困难，不能因为惧怕挑战就什么都不做。相反，用一种积极的态度面对生活，任何困难都无法压垮你。

当你想做一件事，又感觉困难重重之时，不妨告诉自己，“世上无难事，只怕有心人”。遭遇挑战的时候，与其被困难吓退脚步，不如迎难而上。做一个“有心人”，用勇气和努力闯出一片天地，自然能成功加冕王冠!

在自己的国度里继承王位

韩国时间 2013 年 2 月 25 日零时，首尔市钟路的普信阁响起了 33 次钟声，这一传统源自朝鲜时代，那个时候就有清晨打开城门敲钟的惯例。

今天，这 33 次钟声代表韩国将迎来一位新总统。当朴槿惠从李明博的手中接过权杖时，韩国第一任女总统正式诞生了。在青瓦台度过整个童年时代的朴槿惠故地重游，可以说，她是在自己的王国里继承了王位。

按照日程，朴槿惠 25 日清晨到国立公墓显忠院祭拜。当时，她身着一袭黑衣，显得庄严肃穆。接下来，是总统就职典礼仪式。根据韩国的传统，新任总统需要在民众的见证下宣誓就职。就职仪式按照国民行礼、总理致辞、宣誓就职、仪仗队表演等程序依次进行。

上午 11 时，朴槿惠来到民众簇拥的国会大厦前广场，正式参加就职典礼。此时，她换上了一身军绿色的外套和黑色阔腿裤，表现出干练的女政治家风范。这次就职仪式的主题为“坚持前进统一，深入国民生活”，与以往的总统就职仪式既相似，也有不同之处。

在 7 万多名到场宾客面前，朴槿惠郑重宣誓就职，向民众们阐述了自己从政的主要方向，规划出未来的执政蓝图。在就职演讲中，朴槿惠说，作为韩国第一位女总统，她将力改以往男性执政的弊端，发挥出女性的特质，以“振兴经济”、“国民幸福”、“文化兴盛”三大核心理念作为执政基础，带领广大韩国民众走向幸福美满的生活。

朴槿惠郑重承诺：“我将竭尽所能建设大韩民国，在充满希望的年代里创造汉江奇迹，让所有的民众都过上美好的生活。”对于振兴经济，朴槿惠提出了具体措施，如限制财阀，加大对中小企业的扶持力度，消除不正当竞争，加大对社会的保障力度等。

朴槿惠说，她将致力于消除各种不公平的操作，改正过去令小商贩和中小企业受挫的误导习俗。此外，经济民主化是朴槿惠经济政策的重点，为了让经济实现真正的发展，必须发挥经济民主化。

在谈到国民幸福时，朴槿惠希望国民“年老时可以安居，没有养育子女的顾虑”。很多选民看到朴槿惠的决心，希望她能够带领韩国实现经济复兴。朴槿惠表示，新政府上台后会采取一系列措施加强社会保障力度，减少国民在就业、教育、住房、养老等方面的担忧。此外，朴槿惠还特别强调“文化兴盛”的重要性，认为文化的传播是促进韩国经济发展的重要推动力。

就职仪式结束后，有媒体评价道，朴槿惠的穿着既彰显了女性领导强韧、干练的作风，也表现出女性特有的柔美特质。朴槿惠的穿着似乎也在对外界暗示，自己在就职总统后将采取一系列强有力的措施，在全世界面前树立起“铁娘子”的形象。

从离开到回归，在朴槿惠的字典里似乎从未有过“不可能”三个字。作为女性领导人，朴槿惠既有男性的果断，又有女性特有的细腻，这让韩国民众充满期待。

早在童年时代，朴槿惠就经常亲眼看着总统父亲处理政务，由此受到了良好的政治熏陶，并拥有了超出常人的政治敏锐力。特殊的成长经历为朴槿惠登上总统宝座打下了坚实的基础，当然更重要的是她不输给男性的远大目光和忠于职守的敬业精神。这两点恰恰值得女性学习。

一个有着远大目光的人往往会取得惊人的成就。正所谓“不想当将军的士兵不是好士兵”，一个人没有宏图壮志，不能志存高远，自然不会取得什么成就。因为有着远大的目光，才能产生积极进取的正能量，支撑着人们克服一切困难，收获灿烂的明天。

在和李明博竞选之前，曾经有人苦苦劝说朴槿惠退出选举，因为在韩国“男尊女卑”的思想深入人心。本来女性在普通的社会生活中就“低男性一等”，人们怎么相信一名女性能成为一个国家的领导者呢?

朴槿惠认为，这样的说法是不正确的。在她看来，当今世界早已男女平等，女性在许多国家已经登上了历史舞台，她相信自己可以创造属于自己的传奇，也能开创韩国的历史。作为女性，不应该害怕外界的质疑，而应勇敢行动，依靠实力征服大家。

此外，任何成功都离不开“忠于职守”。从重返政坛第一天起，朴槿惠就无比真诚地对待每一项工作。总统也是一个职位，朴槿惠在上任的第一天就提出了未来构想，对国家各个方面的发展提出了设想，赢得了民众的信任。

有人认为，家庭才是女性的主战场，只要将家庭照顾好，女性就完成了使命。然而这种观点有失偏颇，女性毕竟在社会上扮演着一定的角色，需要认真完成本职工作。如果你对自己的职业缺乏足够的尊重和敬畏，那么很难获得发展的机会。朴槿惠以实际行动证明，女人照样可以大有作为，在自己的世界里成为王者。

第六辑

面向未来：你的人生需要一场绚丽的突围

“人一生的追求是什么呢？我们可能会被眼前的事物迷惑，从而无法设定正确的目标。但生命总归会走向死亡，我们在死亡之前，不妨仔细考虑一下，人死后能够留下什么？思考清楚后，我们就会设定正确的目标。”

国民幸福就是自己的幸福

如果有人问，你的幸福是什么？相信每个人都有自己的答案，这个答案有的关乎家庭，有的关乎事业，有的关乎个人内心世界。对那些心系国家的女人来说，幸福与自己无关，她们的幸福就是国民的幸福。

在世界政治舞台上，女人担任一国最高领导人并不多见。然而，女人一旦站到了政坛的巅峰位置，她的心便会被国家与人民填满，她的幸福也会与国家息息相关。朴槿惠无疑就是这样一位国家元首。

重新从事政治活动以后，媒体经常问朴槿惠："您没有家庭和子女，真的不会感到孤单寂寞吗？"朴槿惠回答："我没有时间寂寞。虽然我没有父母，我没有丈夫，没有子女，但我把自己嫁给了国家，国家是我唯一希望服务的对象。"

执政期间，朴槿惠一直将国民幸福作为一切政策的前提。在她的随笔集《点滴的人生》中有这样一段话："人一生的追求是什么呢？我们可能会被眼前的事物迷惑，从而无法设定正确的目标。但生命总归会走向死亡，我们在死亡之前，不妨仔细考虑一下，人死后能够留下什么？思考清楚后，我们就会设定正确的目标。"

在 21 世纪的今天，知识对人的创造力不可估量。朴槿惠一贯支持"以人为本，教育先行"的理念，因此在竞选中宣称"我提出的经济民主化——就业——福利，三个课题的核心是以人为本。国家最重要的就是教育问题，人是国家最重要的投资对象，提升国家竞争力的关键就是培养人才。”

当时，私立学校是韩国教育的重要组成部分。早在 2005 年 12 月，大国家党和执政党分别提出了不同的《私立学校法》，与国会的教育委员会协商，但双方未能达成一致意见。

12 月 19 日，执政党竟然强行通过了私校法。事实上，只有大国家党的私校修正案能够严格监控私校贪污。这是一个阴谋，当大国家党反应过来的时候，再去极力阻止执政党员们投票，为时已晚。很快，大国家党开始行动起来，举行了声势浩大的抗议。

当晚七点半，朴槿惠带领大国家党的党员们聚集在与议场相连的中央阶梯进行示威活动，还发表了《对大国民谈话》。私校法关乎所有孩子的未来，涉及到韩国将来的教育问题，因此不能失去科学水准。朴槿惠坚定地站到队伍的最前列，和党员们一起向民众散发传单，揭露执政党的恶劣行为。

那年的冬天创下了韩国的最低温，朴槿惠和众人却忘记了严寒，穿着厚厚的外套站在街头，义正言辞。随后，韩国民众逐渐认识到了问题的严重性，全国各处纷纷举行私校法的讨论会和恳谈会，声势逐渐浩大起来。

迫于无数社会团体和宗教、国民的压力，执政党最终让步。2006 年 1 月 31 日，在北汉山健行会谈之后，长达 53 天的持续抗争终于画上了句号，达成了“讨论私校法修订”协议。

教育关乎整个国家的命运，朴槿惠在原则问题上绝对不会袖手旁观。无关贫富与地位，让所有的人都能平等地接受教育，是朴槿惠最大的梦想，也是她参与竞选的重要主张。

对朴槿惠来说，虽然自己没有家庭，无法感受到家庭的温馨，但是这并不等于内心没有幸福感。她把国民幸福当做自己的幸福，始终维护民众的最大利益，赢得了广泛支持。

事实上，自从踏入政坛那一天起，朴槿惠就将国家与国民放进了心里。与许多政客有诸多不同，她总是把民众的利益放在第一位。国民的难题就是她自己的难题，会尽快被提上议程，促进解决。

“当我选择当上总统之后，我便要坚持正直的人生和正确的道路，尽管这样做会让我遭受许多痛苦。在我执政的时期，我将尽力维护那些诚信、正直、懂得付出的人，让他们的付出有所收获，让他们感受到成就感，不遭受伤害。”朴槿惠这样描述自己的使命。

“在其位谋其政”，一个人在自己的岗位上要用心做事，像朴槿惠那样尽职尽责，没有一丝懈怠。在工作中，热情比任何东西都重要。它是人的一种内在机体反应，一种内在兴奋状态。不论你做什么事情，想要追求什么，心中都要充满热情。它的光辉会扫除你的消极，打败你的堕落，促使你在努力中获得自我价值实现与满足感。

在内心深处，朴槿惠追求两袖清风的价值理念——即使没有虚名利禄也要做一个没有污点劣迹的清白之人。与其追求那些如同过眼云烟般的名声和权力，不如踏踏实实做一个没有污点的人，即使过得清贫，但是那份踏实自在最珍贵。

也正是具备这样的价值观念，在韩国第 18 任总统选举候选人名单中，朴槿惠是唯一一个没有腐败贪污的候选人，并由此成了保守派中最有利的候选人。在她看来，重要的不是被世人拥戴为伟大的君主，而是做一个对得起内心的政治家，为国民谋取幸福。

你或许不是政治人物，无法像朴槿惠一样担任要职，将国民幸福当做自己的追求。但是在日常生活中，你完全可以学习朴槿惠的精神，认清自己的位置，承担相应的责任，做好分内之事。

人生的责任与义务是相对的，无论你想过怎样的生活，都有相应的义务做好重要的几件事。尽职尽责的人充实、上进，会收获满满的幸福。

着眼世界与未来的执政思想

拥有惊人的成就，首先要拥有博大的胸怀。一个人心存万物，胸怀天下，容易取得更高的成就。“不想当将军的士兵不是好士兵”，女人也可以像男人那样志存高远，从眼前的小天地谋划未来的大格局。

家庭深刻影响到一个人的成长，这在朴槿惠身上体现得非常明显。童年的时候，母亲陆英修女士就时常告诉她，时代在不断改变，女性的舞台不再是家庭和厨房，女性有权利走向更宽、更广的世界中去，甚至踏上国际舞台。

朴槿惠将母亲的话深深地印在心里，开始花费更多的时间和精力去提高自身修养，提升格局思维，让自己具备更强烈的国际化视野和世界性意识。她告诉自己，一个人心中没有宏图壮志，那么一生必将平庸无奇。

在和李明博竞选之前，曾经有人好心地劝告朴槿惠尽早退出，避免难堪。因为在韩国至今依然存在“男尊女卑”的封建思想，人们普遍认为，国家必须由男人来管理，女人怎能担负如此的重任。但是，朴槿惠对这样的劝告毫不理会，并断然拒绝了这些建议。她认为，今天的女性早已不是闭塞在一个狭小空间里的柔弱角色了，她们开始拥抱这个世界，甚至登上国际舞台。

在朴槿惠看来，一个女人同样拥有资格管理国家，就如同照看家庭一般，有能力解决国家的大事小事。这种精神感染了韩国的女性，她们纷纷效仿朴槿惠，开始在学业和事业上不断深造，逐渐出现在韩国各个精英阶层。有人这样评价朴槿惠：“她就像一颗参天大树，让统治韩国政坛的男人们不得不仰望。”

不可否认，朴槿惠打破了韩国一直存在的性别歧视，一步步攀登政治高峰。在一次演讲中，朴槿惠这样说道：“21 世纪是全球合作和竞争的年代，对于一个国家来说，外交和安保是最基本也是最重要的任务。现在不同于过去，振兴经济单靠一国之力远远不够，必须具备与世界各国合作和竞争的外交能力，我们的经济才能不断发展。”

着眼于世界和未来，是朴槿惠的核心执政思想。为了让韩国进入世界发达国家的行列，她认为韩国需要打开三扇大门：首先要打开走向世界的大门，其次打开国民内心的大门，最后打开通向未来的大门。如此雄心壮志，立刻让韩国成为世界瞩目的焦点。

朴槿惠是一个女人，却是一个不同凡响的女人。她不仅为了个人理想而奋斗，更为国家和国民带去了希望。今天，很多女人受到家庭等因素的影响，过早失去了追求梦想的努力，终日在柴米油盐中打发时间，让人生黯然失色。

扪心自问，自己是否还留存一丝激情？是否还有梦想？是否拥有勇气改变自己？年龄、家庭、机遇都不是懈怠的借口。不顾一切做那些认为有价值的事情，并为此孜孜以求，这样的人生才有意义。

每个女人都想成为有魅力的女性，这不只是肤色白皙、形体优美等外在的东西，更重要的是有梦想、激情，面向未来，勇敢创造非凡的人生。任何时候，女人都不能对自己放低要求，因为人生有无限可能。

美国专栏作家陶乐丝·狄克斯早年历经贫困的深渊，深切体会过欲望、挣扎、焦虑与绝望，却始终坚韧地工作着。有人问：“你是如何度过苦闷时光的？”他回答：“熬得过昨天，就能熬得过今天，我决不允许自己去想明天会如何。”

世界的规则本来就是“物竞天择，适者生存”。创造学之父奥斯本说：“谁被逼到角落里，谁就会有出奇的想象。”一个养尊处优的人，不会有压力感，更不会去积极发挥自己的全部潜能，寻求走出困境的办法。而一旦人们调动起自身的潜能，就会爆发出惊人的力量。

一个人习惯了舒适的生活，会失去斗志，告别诗与远方，只关注当下的苟且。而且，长期处于这种状态的人一旦陷入困境，或者面对强大的压力，往往会瞬间垮掉。也许没有压力，反而会成为你的致命伤；而适当的压力能激发出人的潜能，让人清醒地认识自己，再化为一种不竭的动力，最终走向成功。

如果你已经不再激情澎湃，那就冲出重围，走到更宽广的世界中去吧！像朴槿惠那样不顾周围人的劝阻，义无反顾地踏上寻梦的道路，开辟全新的人生。

一个人走，走得快；一起走，走得远

泰戈尔说过：“一朵鲜花无法打扮整个美丽的夏天。”是的，一个人的力量总是有限，只有互相合作才能共创灿烂的世界。在未来的竞争格局中，善于合作才能走得更远。

2013 年 6 月 28 日，中韩商务合作论坛在北京钓鱼台国宾馆隆重举行，此次论坛由中国贸促会和韩国大韩商工会议所联合举办。在这次活动中，韩国总统朴槿惠在描述中韩关系的时候说：“要走得快，就一个人走；要走得远，就要一起走。”她满含希望地表示，如果中韩两国能够在经济发展、贸易往来方面携手前进，必将共创美好灿烂的未来。

自从 1992 年中韩两国建立外交关系后，双方一直在深化合作、互利共赢方面不断努力。建交之初，两国的贸易额仅为 63 亿美元，但是到了 2012 年，两国的贸易额已达到 2563 亿美元，短短 20 年间增长了 40 倍。今天，中国已经成为韩国最大的贸易伙伴，韩国成为中国的第三大贸易伙伴。双方的关系越来越紧密，已经到了谁也离不开谁的程度。

总结过去 20 多年的经济合作经验后，朴槿惠还畅想未来的经济合作方向。她希望，改变原有的主要依靠贸易和投资的经济合作方式，开展高附加值产业方向的合作，创造出更大的经济效益。

在这次商务合作论坛中，朴槿惠以女性的身份，充满激情地发表演说，俘获了许多韩国民众的心。韩国与中国的密切接触和合作，不仅仅只是为了现实国家利益，更是为了扩大东亚在世界舞台上的地位。

喜欢一个人走，是因为无需顾虑太多，也不必承担责任。但是，一个人的能力确实有限，走不了多远就会疲惫不堪，斗志大不如前。孤独的旅行让人看不到尽头，每一个独自行走的人都迫切希望有人陪伴。因此，如果想走得长远，就要有人陪同，在相互扶持中迈向远方。

在非洲草原上，如果你看见羚羊在奔跑，那可能是狮子来了；如果看见狮子躲避，那可能是象群了；如果看见成群的狮子和大象集体逃命，那一定是蚂蚁来了。不要小看这些渺小、微弱的蚂蚁，它们让“兽中之王”狮子和“庞然大物”大象退避三舍，靠的就是团结奋进。

人与人之间需要相互扶持，懂得与他人合作才有未来。在合作中寻求支持，在合作中发挥才能，比一个人单打独斗有更多胜算。“合作”让不同的个人、不同的国家形成一个利益共同体，形成一个团队。这是世界未来发展的大趋势。

美国著名管理大师彼得圣吉说：“不管个人多么强大，你的成就多么辉煌，只有保持与他人之间的合作关系，这一切才会有现实意义。”个体只有与他人合作，才能获得无穷的力量，实现共同发展。

一滴水很快就会干枯，只有投入大海的怀抱，才能永久地存在。朴槿惠作为一名女政治家，自然明白这样的道理。在她看来，只有懂得付出，只有先付出，才能有收获。帮助别人，其实就是帮助自己。过分看重个人利益，不能放低姿态与人合作，到头来会限制自己的发展空间，失去发展壮大的机会。

不管是在生活中，还是在工作中，团队合作十分重要。建造一座美丽的宫殿，光有宏伟壮观的蓝图还不够，还必须有一支团结协作的队伍。单靠一己之力不可能完成宏大的任务，只有与他人合作，才能实现自我价值，共同进步。

荣誉对你并不是最重要的

2012 年 12 月 19 日，韩国为了五年一次的总统大选，全国放假一天。在当天晚上 10 点左右，国民都已知晓朴槿惠担任韩国总统的消息。

来自全南的姚博士本来支持文在寅，听到这个消息后非常失望，然后惋惜地说："文在寅还是输了，真遗憾！朴槿惠实现了她的梦想，成为韩国首任总统，但是她的当选是历史的倒退。"

听到这些话，朴槿惠的支持者反驳道："朴槿惠的当选是韩国的进步，投票结果说明韩国人是理性的。"

在接受电视采访时，朴槿惠并没有表现得太过惊喜，依然保持低调温和的样子。在光华门发表演讲时，她看上去平静自然，丝毫没有因为过分惊喜而情绪失控。一路走来，朴槿惠展现的一直都是低调、温和的形象。她是经历过政治考验的人，此番上台执政更是代表了韩国坚韧的国家形象。

其实，经历了风风雨雨之后，朴槿惠对人生的体悟早已超越了常人。她说："对我来说，所谓青史留名、功成名就都不是最重要的东西。名垂青史又能怎样，默默无闻又能怎样，一个人就算做出了惊天骇地的伟大成就，但是放在历史的长河里又能占多少比重呢？一个人的能力再强，放在万能的上帝面前也不值一提。"

"忠诚地服务于上帝的旨意，默默地履行上帝交派的任务，用这些实际行动来充实自己的人生，比那些虚名更加重要。对我们来说，任何权力、名声、荣誉都是次要的。”

荣誉是一把双刃剑，既能敦促人们前进，也能让人滋生骄傲自满的情绪，成为阻碍前进步伐的绊脚石。有的人将荣誉看得太重，视之为珍宝，因为放不下，最终作茧自缚。

在朴槿惠眼里，所有至高无上的荣誉都如同浮云，被视为身外之物。作为一国总统，身边充斥着权力、地位和荣誉的诱惑，但她并没有被这些诱人的头衔迷惑，而是看淡了一切，脚踏实地修炼自己，全力为韩国做一些有意义的事。

对朴槿惠而言，经历了人生最大的苦难之后，面对任何事情都能心如止水，始终保持一颗淡然的心。此时，任何结果都已经不再重要，重要的是在努力中实践梦想。因此，成功当选韩国总统时，朴槿惠能够始终保持低调、谦和的态度，让人感到亲近。

面对荣誉，应当及时告诫自己，荣誉只是一时的记载，它虽然能为历史增光添彩，但绝不能因为一时的荣誉而得意忘形，它只代表一时的辉煌，此时的骄傲自满很可能带来麻烦。要记住，低调温和的人才会受人尊重，那些到处宣扬显示自己辉煌的人只会让人感到厌烦。

朴槿惠从不沉湎于过去的成功与辉煌，也不会为它们沾沾自喜，过多留恋过去，而是以一颗平常心对待它们，用理智的头脑看待辉煌。由此看来，只有放下荣誉，放下过去，放眼未来，才会真正有所成就。

人生应该是平实的，尽量让名气小一些，让实干多一些。这样，你的实干大过名气，就会始终名符其实，不会给他人留下破绽，自己的人生也会始终是充盈的、厚重的。太看重名利，忽视了实干精神，人就会轻飘飘，不知所以然，就会干出许多傻事来。更重要的是，被名利遮住了双眼的人会急功近利，绝无可能在工作、事业上有所精进，更不要说干成大事了。

沟通从信任开始，以信任结束

长期以来，朝鲜半岛问题一直困扰着东亚局势，也是全球瞩目的焦点。朝鲜半岛核危机问题由来已久，1953年10月，美国与朝鲜签订了《朝美共同防御条约》，获得了在韩国无限期驻军权。自1958年开始，美国开始在韩国部署核武器。

20世纪90年代，朝鲜抱着殊死一搏的态度，爆发了第一次核危机，搞得朝鲜半岛剑拔弩张。一段时间以来，朝核问题不断升温，僵持局面一直搁置不下。

2004年，时值六方会谈之际，朝鲜突然宣布核武器开发。时任总统的卢武铉没有放在心上。到了2006年，卢武铉对朝鲜核试验依然毫不在意。朴槿惠认为，决不能对朝鲜核试验抱着掉以轻心的态度，一旦局面失控，韩国将会岌岌可危。

在核武器打击面前，韩国没有丝毫话语权，一旦核战争爆发将在瞬间内变为废墟。朝鲜研制核武器对韩国的安全来说是一个重大的威胁，而对韩国经济也是一个潜在的危险。朴槿惠反对朝鲜核试验的态度十分坚决，极力主张通过互相信赖的原则来改变朝鲜半岛的局势。

朴槿惠上任后，一直受到金正恩的挑战，连开城工业园也“历史性”地被关闭了，而美韩军演持续不断，朝鲜半岛的局势考验着韩国首位女总统的执政能力。朝鲜半岛缺少信任困扰着朴槿惠，而整个东北亚地区都需要尽快解决信任亏空的问题。

2013年，是美韩建交60周年，美韩双方签署了《纪念韩美结盟60周年联合宣言》，在宣言中提出将韩美同盟打造成“朝鲜半岛和亚洲的和平安全轴心”。朴槿惠赴美寻求信任的第一步就是要加强美韩之间的同盟体系，在此基础上拓展信任的范围。

在美国，朴槿惠前往联合国总部与潘基文会面，阐述了“信任外交”战略，联合国也先后通过了2087号和2094号决议，对朝鲜实施制裁。在与奥巴马的会谈中，朴槿惠提出继续推进朝鲜半岛信任进程。所谓“信任”并不是绥靖，而是要美韩双方强强联合，以同盟之间紧密合作的关系打消金正恩敲诈大国的念头。

信任是一种关系，能产生巨大的价值，在当代社会是一种无形财产。研究表明，人际信任的经验是由个人价值观、魅力、态度、情绪等交互作用的结果。显然，被信任是一种幸福。当别人相信你的时候，哪怕是再细小的事情，你都会认真对待。而当你被别人怀疑时，内心会有挫败感，失去行动的热情，甚至产生不自信。

每天和不同的人打交道，如何赢得对方信任，而不是被对方猜忌，确实考验一个人的智慧。那些不被信任的人，无法赢得合作机会，无法实现个人价值，会情绪低落，甚至自暴自弃。当你不被信任时，需要查找原因，而非纠结于无关紧要的事，甚至猜忌对方居心叵测。

美国南北战争期间，南方种植园主拥有很多黑人奴隶，从事着残酷的贩卖黑人贸易。有一次，从美国南部驶往英国的邮轮上有一个黑人男孩，是被贩卖的对象。他名叫罗恩，聪明伶俐，深受老船长青睐。

这天夜里，轮船在浩瀚无边的大西洋上航行。罗恩正在船尾做杂工，不小心跌进大海里。罗恩大声呼喊着救命，可惜根本没有人听到。轮船继续前进，罗恩只能拼命地一边游泳，一边追赶。

很快，罗恩用完了力气，冰冷的海水简直快让人窒息了。他感觉自己马上就要沉下去了，不禁想起了老船长。他坚信，拥有高尚品格的老船长一定会发现自己不见了，然后来解救。想到这里，他又燃起了活下去的希望。

果然，老船长发现罗恩不见了，断定这个孩子掉进了海里，于是下令掉头回去救人。水手们非常不理解："已经过了这么久，海水寒冷刺骨，估计人早就死了。"老船长听完犹豫了一下，最终还是决定回去找人。也有人质疑，为了救一个黑奴，这样做值得吗？船长被激怒了，大喊"你们都闭嘴"！

罗恩继续在海上游行，终于在即将沉没之前被救起来。过了好久，看到罗恩醒过来，老船长问："孩子，你为什么能坚持这么久呢？"罗恩笑着回答："我知道，您一定会回来救我的！"瞬间，老船长听完，泪流满面。"孩子，是你救了我，我为自己那一刻的犹豫感到羞愧。"

在生命紧要关头被信任，这是极大的尊荣。老船长为自己曾经的犹豫感到羞愧，这是一种心灵的救赎。还好，当其他人怀疑罗恩是否活着的时候，老船长坚定了返回营救的决心。如果当初不这么做，老船长可能要后悔一辈子。

得不到外界信任，是一种痛苦。信任像一缕清风，能够吹散心灵的阴霾；信任像一条纽带，能够拉近彼此之间的距离。没有信任，人就会失去关爱，进而心理冷漠，情绪混乱，陷入无尽的悲观和失望中，失去生命活力。

由此看来，相信别人是一种智慧，猜忌他人无助于良好关系的建立。而当你不被信任时，一定要反思问题出在哪里，如何重建信任，尽快摆脱失信于人的尴尬和失落。

第七辑

上善若水：女人是水，但也是最坚硬的冰

“冰，是坚硬万倍的水，结水成冰，是一个痛苦而美丽的升华过程。”

心淡定，人生才会波澜不惊

天地之间，世事无常。与其因繁杂的琐事、无止境的欲望、利益的诱惑乱了阵脚，丢弃了平和的心境、良好的心态，不如把一切都看得简单一些，用淡定的心境面对。不把世事看得那么复杂，就会减少许多不必要的麻烦。

朴槿惠是一个心如止水的女人，看惯了人间是非，经受了各种磨难，无论面对怎样的挑战都能心无波澜。这份淡定让她保持着理性思考的能力，因而能够妥善应对外界各种事务。

身边的工作人员说，从未看到朴槿惠有过发火的时候。无论遇到了什么事情总能泰然处之，即使曾经被人偷袭，她也以极为镇定的态度对待，这种沉稳的心性令人佩服不已。这份淡定源于朴槿惠内心的高尚道德修养，以及极高的人生智慧。

作为女性领导人，朴槿惠比任何人都要承受更多的责任。很多女性面对不顺心的事，遇到不幸的遭遇，总会情绪失控，丧失理智思考的能力。通常，她们会大喊大叫、大哭大闹，以此宣泄内心的不满、恐惧和无助。但是，朴槿惠绝对不能这么干，因为这会让对手抓住把柄，成为众人嘲笑的对象，对个人执政生涯产生不利影响。

面对挑战、不幸与压力，朴槿惠总是表现得极为平静。因为她知道，人的力量是渺小的，根本无力抵抗命运的安排。有时候，即使你付出了再多的努力，事情也未必会朝着你设想的方向发展，那就没必要纠结于眼前的成败了。

一位韩国的议员这样评价朴槿惠：“她的镇定自若让所有的人都汗颜。不管遇到多么危急的事情，主帅都不能失去理智。我想，朴槿惠就是一个合格的主帅，她始终保持着一贯的镇定安静。”

“不管世事如何变化，不管我们深陷何种境地，我们唯一能做的事情，就是加强内心的修养，学会做人的道理，并通过身心来践行。只有这样我们才能到达人生的终点。”这是朴槿惠的修心智慧，也是她的生存哲学。

面对生活中的危机，朴槿惠依然能够保持冷静的态度，从不失去理智，因为她深信：人在这个世界上的一切烦恼都是自找的，为了摆脱烦恼，我们能做的就是绝不庸人自扰。我们无法预料危机发生，唯一能做的是尽力而为，就算结果并不如愿，那也不会悔恨。

作为女性领导人，朴槿惠拥有泰然处之的心境，多年来始终以平和的心态做人做事。正是这样的心境，让她面对任何困难都毫不畏惧，甚至危及生命的时刻也保持镇静。这让许多男性都自愧不如，朴槿惠为天下女人做出了榜样。

不得不承认，今天许多女人都缺少朴槿惠这种良好的心境。她们往往被世事所困，遇到一点儿麻烦就感觉天要塌了，根本无法掌控自己的情绪，也就很难做到冷静处事了。内心不再淡定，整个人就失去了根基，最终乱了心神，无法自持。

面对世事不庸人自扰，一个重要的秘诀就是把事情看得简单一些。一个人想法太多，面对生活中繁杂的事情，通常会焦躁不堪，不能保持淡定的心境。然而，如果心里不再有那么多杂念，学会简单面对问题，许多事情就会迎刃而解。

此外，遇事先让心静下来，沉淀烦恼和痛苦，也会增加做事的智慧。浑浊的杯子里看不到任何东西，等杯子里的水平静下来，一切又恢复清澈与透亮，自然一目了然。

工作中遇到不顺心的事情，或者失去了恋人，女性朋友常常感到痛苦、烦恼和焦虑。此时，并非痛苦多于幸福，而是人们用了不恰当的方式，让痛苦像脱缰的野马一样肆意奔跑在内心的各个角落。

朴槿惠认为，人生的烦心事皆是庸人自扰之。既然事情发生了，就要做好准备去应对。在不幸的事实面前，即使火冒三丈也无济于事，反而会把事情弄得更糟。因此，在情绪方面培养极高的自控能力，你就能像朴槿惠那样妥善应对各种局面，并在处理危机时也展现出冷静果断的一面，去担当重任。

在任何地方，那些幸福快乐的人都有一颗豁达的心。他们遇事不钻牛角尖，懂得随遇而安，适时放低期望，找到了与这个世界安然相处的方法。用平和的心感知并理解这个世界，痛苦会少一些，快乐会多一些。而且，未来掌握在你手中，这是改变命运的最大筹码，又何必让烦恼占据你的心灵呢！

惠特曼写过这样一句诗：“哦，要像树和动物一样，去面对黑暗、暴风雨、饥饿、愚弄、意外和挫折。”有些不幸发生了，这既是一种可怕的灾难，也是一次历练的机会。

事实上，生活从来不会停下脚步，不会在乎你是否快乐、幸福。最值得称赞的态度是接受眼前的一切，或许你会发现事情没有想象得那么糟糕。痛苦是可以忍受的，无需抱怨上帝不公平。哪怕现实不留下任何选择的余地，你也可以选择改变自己，从而减少内心的煎熬，活出另一个自我。

人生就像一场没有计划的旅行，你永远不知道下一步会走到哪个路口。遇到磨难、困苦，乃至命运的“捉弄”，那种无力感让人绝望。愤怒无济于事，懂得随遇而安，相信一切都是最好的安排，心情就会快乐一些。如果能够化遗憾为淡然，那么心中的苦痛就会少一些，幸福多一些。

做女人要懂得刚柔并济

生活中，有的女人活得靓丽夺目，在男人的世界里绽放独特的光辉，仿佛天生就有迷人的吸引力。为什么她们总能获得男人的青睐呢？原因很简单，这些女人刚柔并济，既有夏季水的柔韧，也有冬季冰雪的刚强，所以令人倾心不已。

多年来，朴槿惠一路走来，经受了太多磨难，遭遇了太多挑战，超出了常人的想象。她能在男性的世界里闯出一条生路，并登上韩国总统的宝座，离不开女性的特质，也与其坚毅的品性有关。

朴槿惠微笑的时候，民众能感受到她的亲和力；而在陷入困境的时候，她又表现得十分刚强，绝对不逊于任何男人。大部分韩国人都感受到，朴槿惠虽然贵为一国总统，身上却依然保留着传统韩国女性的美德：温柔、安静、耐心、守礼。与此同时，她身上还有大部分女性不具备的特质：刚强、勇敢、果断。这种刚柔相济的气质自然容易赢得男性青睐，从而帮她赢得了更多支持。

少女时代的朴槿惠渴望相夫教子的生活，有一颗女人心。后来，当生活不断遭遇磨难，她也曾痛苦过，一个女人的柔弱就体现在此。但是，苦难没能压倒她，反而让她更加坚强，也更加柔韧。出身电子工程学的朴槿惠，身上有冷静、理性分析的气质，的确令人吃惊，也让人印象深刻。

朴槿惠曾经探访过韩国的贫民窟，当她看到一家四五口人挤在阴冷、狭小的房间时，内心十分难过。同时，她许诺一定要让韩国民众过上好日子。至此，我们既能看到朴槿惠的柔美，也能看到她的坚定，一个刚柔相济的女性领导人跃然纸上。

在制定外交政策方面，朴槿惠主张柔性外交，结果得到广泛好评。大选前夕，朝鲜发射卫星，有意制造乱局影响韩国政局。对此，朴槿惠采取宽容的态度，强调在保证国家安全的前提下，与朝鲜方面改善关系，必要时可以举行双边会谈。结果，韩朝关系得到极大改善，韩国民众更加拥戴朴槿惠了。

作为一名女政治家，朴槿惠的身上既有女性的柔美，又有男性的刚强。这既是她的本性，也是多年来在政坛中历练出来的结果。身为韩国总统，朴槿惠在处理内政外交上具有独特性，她能以女性特有的方式温柔执政，给充满戾气的东北亚地区带来一丝清新的空气。

今天，社会飞速发展，女人早已扛起了半边天。职业角色、社会地位变了，女人不能像传统观念形容的那般柔弱，必须把坚强、果敢的性格融入血液中，做到刚柔并济。这一点在朴槿惠身上体现得特别明显。她身上拥有传统韩国女性温柔的一面；同时在处理外交事务时，又有男性领导者的刚强和坚定。因此，朴槿惠是一个既让人感到亲切、勇敢，又值得信任的女性领导者。

刚柔并济是现代女性必须具备的一种品质。女人在处理事情的时候，既要细心和认真，还要表现出刚强和勇敢的一面，从而令人信服。像朴槿惠那样勇敢地面对生活，学会做命运的主宰，即便遇到什么风雨，都能妥善应对。

当然，在“刚柔并济”这种品质中，“柔”是前提，“刚”是保证。日常生活中，女人要充分展现女性的柔，并把女性温柔的一面转化为竞争优势。很多时候，“柔”是绝佳的调节剂，会让生活变得更加美好。

让人生变得更有希望和生机

许多人都曾有过迷惘与疑惑，人生的希望在哪里？一个人穷极一生，所要追求的又是什么？成长道路上，暂时找不到希望，遭遇一时的迷茫，请不要放弃，而拼尽全力去尝试和努力，会让人生变得更有希望和生机。

失去了希望，人生也就失去了前进的动力。命运多舛的朴槿惠正是怀揣着希冀，才一次次走出阴霾，满怀信心地迎接每一天，投入到为国为民奉献的道路上，不断抓住机遇，迎难而上。

当父亲惨遭不幸后，朴槿惠没有过多时间悲伤，她必须打起精神，妥善处理各种事务。随后，伴随着亲人的争吵、朋友的背叛，这个柔弱的姑娘就像蒲公英，没有任何依靠，只能随风飘动。

那段时间是朴槿惠生命中最艰难的岁月。突然有一天，她发现自己身上长满了紫色的淤青，并且很快蔓延到脸部。医生说，人在突然受到打击或是精神刺激后，全身的血液会集中到一起而全身淤青。此时，朴槿惠身上的每个细胞似乎都在痛苦中挣扎，宣泄所有的不快。

在传记中，她曾这样记述那段绝望的岁月："那些痛苦的夜晚我不知道是如何熬过去的，当静谧的环境将我包围时，最初只是觉得孤寂和寒冷，但是马上又感到恐惧，甚至全身开始颤抖。当一个人遭受打击时，往往是一个人最脆弱的时候，就连哭都是无声的。那个夜晚我全身的感觉似乎都消失了，整个人就像是陷入了无底深渊，我的身体和灵魂都在往下沉。”

痛苦与迷茫过后，朴槿惠渐渐恢复了心智，开始鼓足精神撑起家庭的重担。人生不能就此沉沦下去，生活还要继续，她挺过了难捱的日子，开始积蓄力量，为下一次奋发有为做准备。

任何时候都让人生充满希望，是朴槿惠的可贵品质。多年以后，她走上从政之路，仍旧凭着这种精神打开局面，赢得了一次次胜利。在困难重重的政治舞台上，如果不能给国民希望，显然无法继续走下去。

2002 年 2 月 20 日，朴槿惠在斗山会议早餐演说中，开创性地提出了“CEO 总统”的概念。她认为，“CEO 总统的含义就是“国家经营者”或“国家调解人”；换言之，总统不能再像以前一样发号施令，做目中无人的“最高领导者”，而应克服帝王般种种专制的缺点，成为一个国家的“CEO”。

在这份长长的演讲中，我们可以看到朴槿惠对政党改革耗费了心血和精力；从层层推论和精密的思维分析中，可以看到她改革的决心。当韩国政治陷入困境的时候，当韩国民众对前途失去信心的时候，朴槿惠仍然没有放弃努力，提出改革主张，给韩国带来希望和生机。

尽管这一主张充满争论和异议，甚至有人持强烈反对的意见，但是从小在苦难中微笑成长的朴槿惠采取了一贯微笑倔强的作风，与反对者进行顽强的斗争。这让更多人从她身上看到了韩国政治改革的新气象。

遭遇巨大挫折，跌入人生低谷，难免会陷入消沉，甚至一蹶不振。朴槿惠也不例外，经历了人生的巨大起伏，她曾一度消沉，然而并没有垮掉。幸运的是，她又找到新的希望和目标，有了继续生活下去的动力。凭借这种精神，多年后她成为韩国总统，竭尽全力去完成父亲未竞的事业。

让人生充满生机和希望，是每个女性的职责与使命。当寻找不到人生的意义，或是遭遇一时的挫折和不顺，与其沉浸在痛苦中不能自拔，如一具行尸走肉失去生机与活力，不如静下心来学习一些人生智慧，让痛苦沉淀，还给自己一颗清净澄明的心。

面对生活中的痛苦和不幸，用一种坦然的心态正视眼前的事实，寻找新的目标，人生才会有希望和生机。朴槿惠的经历告诉我们，有意义的人生从来都能看到希望，能充分展示一个人的智慧与坚强。

生活中，女人总是被扣上柔弱的标签，但这不代表女人无法坚强。新时代的女性是积极的、智慧的，为了让生活变得丰富多彩，女人应该把乐观与坚强作为铠甲，去应对各种迷茫和苦难。经历过暂时的风雨之后，你终能看到迷人的彩虹。

不经历风雨，怎么见彩虹

人的一生总是在跌倒和爬起中逐渐成长，如果没有经历过一丝磨难与挫折，这样的人生未免显得残缺。巴尔扎克曾经说过：“挫折和失败，是天才进步的阶梯、信徒洗礼的圣水、能人的无价之宝。”

遇到挫折了，会遭遇失败的重创，但失败的次数多了，收获的经验也会随之增多。挫折能够不断地增强我们的意志力，提升抗压能力，而这恰恰是迈向成功的可贵品质。

2006 年，朴槿惠第一次参加总统竞选，与李明博展开了火热的拉锯战。结果，她最终以 1. 5 个百分点的差距败北。虽然这次选举失利在意料之内，但是支持者仍然失声痛哭，不愿意接受这个结果。朴槿惠却显得很平静，默默接受了这个事实。

她心里很清楚，竞选是多种因素作用的结果，必须遵循大趋势。瀑布能够倾泻下来，是因为汇集了无数溪流，占据了很高的地势。自己第一次竞选总统失败，是因为大势未到，就当做一种磨砺吧！

朴槿惠已经看到，自己得到了许多民众的支持，感受到了大家的期许，已经心满意足了。显然，韩国民众越来越认可朴槿惠了，他们以往厌恶这个“独裁者女儿”，现在开始对她寄予厚望。这种改变难道不令人欣喜吗？

对于此次竞选失利，朴槿惠镇定地说：“这次的竞选失败在意料之中，我的确有一些地方做得不足，我心甘情愿接受选举结果。我们每个党员都应该坚守自己作为党员的信念，要为实现政权的交接尽到责任。”

随后，会场响起了雷鸣般的掌声，人们纷纷为朴槿惠的见地和胸怀致敬。无论是李明博的支持者，还是朴槿惠的支持者，大家都佩服朴槿惠的大度和勇气。有了大海那样的胸襟和视野，胜利早晚都会降临，只是时机的问题。

朴槿惠的一生是与挫折和失败不断抗争的一生。长期以来，她经受的挫折和失败，放在任何一个人身上都足以令其窒息，从此一蹶不振。然而，朴槿惠始终没有对生活失去希望，顽强地活着，而且活得越来越好。为此，她感谢亲身经历的那些挫折，如果不是它们砥砺了心灵，自己就无法拥有今天的成就。

内心强大的人将失败看作成功必经的阶段。在他们眼里，失败不是终点，只是一个过程，因而面对失败时不必自暴自弃，更不能一蹶不振。从失败中认识到自身的不足，总结经验教训，继续投入到未竟的事业中去，终有一天会拥抱胜利。

许多女人惧怕失败，甚至不敢再次尝试，由此变得畏首畏尾，最后将失败看作梦想的终结。在朝目标前进的过程中，如果无法正视挫折，在一次或几次碰壁之后就灰心丧气，进而放弃梦想，这样的人注定一无所成。

时代新女性都有特定的人生目标，有的希望能够在事业上一展拳脚，发挥个人才能，升职加薪；有的希望学会一项技能，丰富精神生活；有的希望在一定时间内改善自己的形象……这些目标和理想，都是对生活的一种热爱，值得欣赏和鼓励。然而，当目标付诸于行动时，许多人便遇到了困难和挫折，随后轻易放弃了曾经的梦想，对自己降低了要求。结果，将来的她们会讨厌现在的自己。

罗曼·罗兰曾说过:“人生最可怕的敌人就是缺乏坚定的信念。”女人要始终坚信一点，信念可以改变一切。在这个世界上，只要始终持有坚定的信念，就没有什么人和事可以将你打败。每个人都应该在信念的引领下创造奇迹，告别碌碌无为的生活。

“没有原则的人终将一事无成，没有信念的人必是空虚的废物。”对年轻人来说，最可怕的不是缺乏能力，而是没有信念。一个拥有强烈成功信念的人，在某种程度上一定是一个不可战胜的人。

害怕面对人生中的不如意，是人类的通病。不过，生活的道路本来就是曲折的，从来不会一帆风顺，那些不如意的事情总会在不经意间来到身边。如果因为害怕挫折而什么都不做，照样会有各种各样的烦恼纠缠着你，这样的人生又有什么意义呢?

虽然生活总是带来许多出其不意的麻烦，但这并不代表你就无法获得乐趣。其实，人生中的那些挫折与磨难并不可怕，可怕的是人们拒绝接受它，进而放弃对未来的渴望。朴槿惠以亲身经历告诉我们，如果每个女人都能把不如意的事情当成动力，并从中学到一些人生经验，那么你的人生就会重见光明，并会收获令人惊喜的成就。

用内心的温柔化解生活的戾气

随着女性社会地位的不断提高，人们越发认识到，温柔细腻的性格已经成为当今女性的巨大优势。“细腻”似乎是女性与生俱来的优势，在朴槿惠从政的漫长岁月中，虽然处处展现出坚忍不拔的领导力和卓越的品质，但从根本上来说，她的内心深处依然有着温柔细腻的一面。

在处理国家事务或与人相处时，朴槿惠总让人感受到被关爱的感觉，就像是母亲的慈爱与包容一般。尽管有人称朴槿惠为“冰公主”，但是在她身上感受不到一丝冰冷的感觉。

2012 年 10 月 4 日，朴槿惠以总统候选人的身份，在韩国蔚山进行竞选拉票活动。当时，她亲自在“洗足”仪式上为一名女子洗脚，该活动旨在提高为国民服务的意识。虽然这是出于政治需要，然而极具亲和力的活动仍然让韩国民众见识了朴槿惠温婉细腻的一面。

同年 11 月 27 日，朴槿惠又在大田举行拉票团队启动仪式：“做好准备的女总统朴槿惠，二十二天改变世界的承诺之旅”，当时动用七辆卡车展开拉票活动。为了取得预期效果，她跳起了人气歌手 PSY 的骑马舞，吸引民众的注意力。

此外，身边的工作人员也能感受到朴槿惠无微不至的关爱。由于平常工作十分辛苦，朴槿惠深知大家压力巨大，因此时常在工作和生活上表达关切，有时还会主动邀请工作人员一同吃饭。

依靠自己作为女性的优势，朴槿惠用细腻的情感温暖着身边每个人。面对这样的领导者，人们又有什么理由拒绝呢？显然，大家不可能不卖力地工作，不可能不义无反顾地追随她。

在一次关于梦想的演讲中，朴槿惠说过这样一段话："一个国家的梦想和未来全部寄托在我们的孩子身上，孩子健康成长的基础就是我们的母亲，伟大的女性们。因此，我们要好好承担起当一个好母亲的职责，为国家培养优秀的人才贡献力量。"

演讲中，她毫不掩饰地展现了女性领导人的优势——无私的母爱。一个女人在世上拥有的最崇高的东西便是母爱，毫无疑问只有女性才能拥有这种宝贵的东西。不论一个女人是否有孩子，母性的细腻情感早已写在她们的 DNA 中，并且这种情感是与生俱来的本能。

朴槿惠对身边工作人员以及韩国民众无微不至的照顾，和她对整个韩国母亲般的关怀，使她真正懂得人们内心需要的东西是什么，进而给予更周到的关怀和服务。由此，朴槿惠获得了全国人民的热爱和拥戴，对整个韩国来说犹如母亲般的存在。

不知道从什么时候开始，现代女性开始抛弃女人的本色，纷纷争抢着扮演阳刚男性的角色，俨然将自己塑造成了令人敬而远之的女强人。尽管她们果断干练，拥有男人般的勇敢、干劲，却不再温柔细腻，失去女人特有的细腻、聪慧等优势，这不能不说是一种巨大损失。

一个女人在成长过程中，应当学会用内心的温柔化解生活中的戾气，完全不必强求自己像男人一样面对生活的艰辛。发挥温柔细腻的力量，用敏锐的眼光观察形势，用宽容的态度包容万物，自然容易轻松掌握一切。

朴槿惠为韩国社会和全体人民做出了榜样。她将内心的温柔细腻与坚韧不拔融合得恰到好处，既能对世人慈爱宽容，发挥女人细腻敏感的优势，又能坚守原则，做到不卑不亢，展现出果断干练的一面。

当然，褒奖女人的温柔细腻不代表摒弃刚烈坚强，女人如果一味地温柔待人处事，也会变得软弱，甚至依附于人。作为新时代女性，应当向朴槿惠学习，温柔与锋利兼具，发挥各自的长处，用女人温柔细腻的一面去应对这个坚硬、冰冷的世界。

罗兰曾经说道：“美是到处都有的，对于我们的眼睛，不是缺少美，而是缺少发现。”是的，生活中从来不缺少美，缺少的是善于发现美。懂得欣赏生活，你会发现美无处不在。

人们为了生活奋斗，不能忘记欣赏生活、品味生活，感受幸福时光。否则，一个人无论多么成功，得到多少财富，他的心灵都不会快乐，都无法感受到这个世界的美妙之处。

以朴槿惠为榜样吧，慢慢卸下坚强的伪装，找回内心的温柔与细腻，去化解生活中的种种不幸以及各种艰难困苦，发现生命中美好的东西。用宽容的心态对待生活，用细腻的眼光观察人生，幸福和成功就会离你很近了。

女人，你要学会勇敢

漫漫人生路，艰险与苦难常伴，总会遇到不如意的事，亦或是一时无法解决的难题。这时候，你要告诉自己，怯懦不是摆脱困境的方法，勇敢才是面对一切苦难的正途。

朴槿惠从小受到母亲的影响，养成了独立自主、坚毅勇敢的性格。在她眼里，女孩和男孩是一样的，只要勇敢行动就能胜任一切事情。有人问朴槿惠:“家里需要男人时该怎么办?”她却质问对方:“什么事需要男人才能做到?”在她身上，你从来看不见犹豫不决、左右为难的样子。

关键时刻，朴槿惠从韩国的未来命运出发，及时返回政坛，踏上了为国为民奉献之路。她誓言打破男人统治政坛的局面，以坚定的决心向男人“宣战”。从被政敌讥讽的“独裁者的女儿”到“政治遗产的继承者”，朴槿惠出任韩国第一任女总统，赢得了“韩国的撒切尔”这一美誉。

2014 年 4 月 16 日上午 8 时 58 分，一艘载有 470 人的“岁月号”客轮在韩国西南海域发生浸水沉船事故。当时，船上有 325 名中学生，15 名教师，30 名航务人员，以及 89 名其他乘客，还有 150–180 辆汽车和 1157 吨货物。这就是震惊全国的 4. 16 客轮沉没事故。

面对突如其来的重大事故，朴槿惠非常震惊，同时也表现出了沉着、担当和诚恳。5 月 19 日上午 9 时，“岁月”号客轮沉没事故发生的第 34 天，朴槿惠就这次事故首次发表了电视谈话。韩国民众从电视上看到，朴槿惠心痛地流出了眼泪。她表示，自己承担这次沉船事故的责任，并为没有提前做好意外事故的应对措施而忏悔和道歉，并会尽最大努力处理好后续工作。

这是2013年2月份上任以来，朴槿惠首次以“对国民谈话”的形式就某一件事道歉。此前，朴槿惠曾在不同时间、不同场合，至少三次对“岁月”号沉船事故进行道歉，但是舆论认为那并不是直接和正式的道歉，不能表现出一国总统的诚意，因此要求她郑重专门道歉。

在电视谈话的最后，朴槿惠逐一念出在此次事故中舍己救人的遇难人员的姓名。大家看到，她的脸上不自觉地流出了两行热泪。她是国民的母亲，现在自己的“孩子”遇难了，内心深处是最痛苦的。

然而，这次道歉似乎并没有得到所有国民和党派的原谅。对于“对国民谈话”，韩国朝野政党对其评价褒贬不一。执政党新国际党发言人闵炫珠认为，这次谈话是“坦诚且真挚”的，朴槿惠是真心对这次沉船事故表示悔恨，并呼吁大家要改变一些偏执的想法。

显然，也有一些党派对朴槿惠的做法不买账。在新闻发布会上，韩国最大在野党“新政治民主联合”发言人朴光温说:“发生了这么严重的事故，一个总统向国民道歉是应该，但是她却拖延了34天，真令人感到失望和遗憾……”此外，韩国联合通讯社进行了“负面”的报道。

随后，韩国总理郑烘原在27日宣布引咎辞职。朴槿惠批准了这一请求，以应对外界强大的舆论压力。此后，民心逐渐得到安抚，韩国社会也在朴槿惠的治理下逐步恢复了正常状态。

面对“岁月”号沉船事故，朴槿惠勇敢迎上去，努力处理善后事宜，化解民众的愤怒情绪，以及对手的批评。在强大的压力面前，她表现得足够勇敢，也足够坚强。

在几十年的从政生涯里，人们从未看到朴槿惠有过软弱、胆小的时刻。更多时候，她身上体现出来的都是男人的优秀品质，坚强、独立、自主、果断。朴槿惠用实际行动向世人证明，自己是一个无畏艰险的

“铁娘子”，是一个越挫越勇的“女强人”。

无论生活给予多大的考验，朴槿惠都不会轻易倒下；不管遇到多大的风雨，她都不会放弃理想和信念；不管别人投来多少非议，她都会按照既定的规划毫不动摇地前进。在朴槿惠身上，我们看到的是坚不可摧的顽强意志与战斗精神。经历过无数的困难，走过布满荆棘的道路，体验过无数的痛苦，她在生活中依然充满微笑和自信，这种坚强的个性令人钦佩，也值得每个女人学习。

真正的勇者总是敢于面对生活的不顺，从不会对艰险的生活产生恐惧之感。朴槿惠在日记里写道：“最大的敌人其实是自己，只有战胜了自己，才意味着战胜了自己的弱点。只有做到了这一点，才能在与他人的竞争中胜出，不会让自己被他人束缚。”

在人生旅途上，每个人都要受到命运之神的捉弄，它让你烦恼、痛苦、屈辱。面对人生的沧桑，许多时候是无能为力的。这时候，你要沉住气，坚守内心的理想，迎接转机。控制自暴自弃的冲动，不选择逆来顺受、消极颓废，也不逃避事实、胆小怕事。那么，你就能不屈于命运之神的诱惑，在沉默中悄然立下远航的信念。

像朴槿惠一样，做一个勇敢的女人吧！纵然你的人生不会像她一样跌宕起伏，但平凡的生活中，面对逆境与不顺，勇敢也是必不可少的。工作中，遇到棘手的难题或强大的对手，不要畏惧退缩，而要勇敢地迎上去，正视它，战胜它，让自己得到提升。家庭中，面对难以调和的矛盾，不要回避，而要鼓足勇气，去直面难题。勇敢的女人在生活中历练自己，变得更加睿智和成熟，显得更有品味和气质。

勇敢者的一生总是丰富多彩的，他们迎接了一切风险和挑战，锻炼了自己，因而得到了无上的荣耀。如果你想有所成就，拒绝在平平淡淡中将就，就要试着做一个勇敢的女人，去直面艰险，克服困难，赢得多彩的人生！

第八辑

感恩孤独：成长，永远是一个人在场

“不管在什么地方做什么事情，上帝都在注视着我们。如果能记住这一点，那么我们的人生就会变得更加完美。”

若想不被动摇，就要常修心境

父亲朴正熙在世的时候，曾经说过这样的话："未来的目标是令国民人均年收入达到1000美元，我们现在正朝这个目标努力。此外，我们还希望韩国能够达到百亿出口，这就要求我们与其他国家形成良好的贸易关系……槿惠，现在不论是于我，还是于国家，你都扮演着非常重要的角色……"

后来，朴正熙遇刺身亡，一度遭到外界各种攻击和污蔑。这让朴槿惠大为恼怒。那一刻，她亲身体会到了"人走茶凉"的无奈，随后更感受到了人情冷暖的孤寂。

回归平民的角色以后，昔日的朋友竟然出卖自己。被最信赖的人无情地抛弃，甚至露出狰狞的面目，这简直是一场噩梦。眼前仿佛有一面无形的高墙，挡住了前进的去路，而身后是万丈深渊。朴槿惠看不到任何希望，进退两难。

灾难接踵而至，有人在网上对朴槿惠进行人身攻击，对方竟然是妹妹朴瑾令的第二任丈夫。面对各种打击，朴槿惠在日记中写道："背叛乃人世间最丑恶最卑劣的事，但更重要的是，如果惩罚一个背叛者，以恶抗恶会毁灭人的心灵堡垒。"

突如其来的变化令人无法接受，朴槿惠既不能放弃父亲的教诲，又不能无视眼前的窘境，一时间竟然找不到心灵的栖息地。最后，她被巨大的孤独感吞没了。

难道就这样沉沦下去吗？谁才是今生的依靠？朴槿惠反复询问自己，始终找不到答案。显然，她不能放弃信念和立场，在诱惑中迷失方向。于是，她立刻行动起来，开始努力平复内心的彷徨、无助与焦虑。

在日记中，朴槿惠描述内心的感受，也记录了当时的感悟："不管生活是安稳还是动乱，我们都要时刻注意修炼自己的内心，最愚蠢的修心方法是遇到了麻烦才开始修心。此时，早已千疮百孔的内心又怎能承受外界诱惑与艰难呢？"

生活不可能一帆风顺，总会遇到一些意料之外的挫折和磨难，甚至有的人还会遇到倾覆之灾。如果遇到不顺心的事就看不到未来的光明和美好的景色，那么就相当于给自己的心灵上了一把锁，自囚在忧郁之中，与美好的事物隔绝。

一个人可以遭受打击、失去工作和恋人，但是必须拥有一颗强大的心，不动摇人生信仰，能够淡定地面对各种不如意。

今天，女人有更广阔的舞台，扮演着重要的角色。然而，受到各种因素的制约，难免遇到挫折，或被莫名的诱惑吸引，乃至坠入事业低谷，让现实与最初的期望相去甚远。如果无法承受失落后的孤独、失败后的孤寂，当事人就容易灰心丧气，误入歧途，甚至出现严重的心理问题。

采取正确的措施保护自己，努力修炼心境，拥有强大的内心，才能减少伤害，让心灵得到治愈。在这方面，朴槿惠的做法值得女性学习。

无论在早年生活中，还是日后回归政坛，朴槿惠始终面对着国内国际各种打击、诱惑、责难，但是她没有被击垮，反而越挫越勇。因为她始终苦练强大的内心和良好的心境，在繁华背后品尝着孤独，适应无助时的挫败感。概括起来，以下几点尤其值得借鉴。

首先，努力抵制贪婪，学会知足。《伊索寓言》中有一句话："有的人因为贪婪，想得到更多东西，却把眼前的东西也弄丢了。"避免过高的欲望，重要的方法就是学会知足，保持内心的恬淡。

其次，关键时刻学会放弃。面对无法得到的东西，一定要学会放弃，否则会被它们牵着鼻子走，丧失自我。当你不在乎的时候，就会无欲无求，心灵也就变得异常强大了。

最后，锻炼顽强的意志，始终不忘初心。无论面对任何境遇，都要内心笃定。有了顽强的意志力，就能始终牢记最初的目标，并认真守护它，从而不会迷失自我。

享受孤独，才能享受成功

一段时间以来，朴槿惠似乎被人们逐渐遗忘了。她从人们的视线中消失了，开始了18年的隐居生活。在人生最璀璨的年华里，她究竟在做什么？经历了怎样的心路历程？

18年隐居生活，朴槿惠过得平凡而又充实。她享受这份孤独，用读书和写日记的方式来度过这段不平凡的岁月，也整理着曾经混乱的思绪。有时候，她还会写写诗，让心灵得到充分的抚慰。

没有了往日的荣光，她反倒不觉得悲伤，因为得到了内心的安定与平和，宛然新生，这是更加珍贵的东西。

一个人在毁灭之前必定会膨胀，而一个人能够承受住寂寞、孤独，能够学会在非议中隐忍，那将收获更大的成就。人生终究是一次经受孤独的旅程，没有常伴鲜花与掌声的路途，黑暗会让你看清光明的位置，忍耐会让你勃发。

过往的经历让朴槿惠明白，如果无力对外抗争，不如忍耐一时，在孤独中磨砺心智，磨练心性，等待新的机会。孑然一身的朴槿惠过上了孤独的生活，并把这种孤寂过出了别样的精彩。

在她看来，18年的隐居生活，并不是一种压抑的忍耐，而是上天给予的一个机会，让她能够过自己向往的生活，平凡而又充实。正是那段日子，让朴槿惠找到了人生的真正价值，体会到了生命的真谛。

尽管这样的生活在常人看来充满了无奈，但朴槿惠却并未感到煎熬。经历了风风雨雨之后，朴槿惠在这段时间里开始回味自己走过的人生，她感到无比欣慰。因为这些波折对她而言，算得上是宝贵的经验和教训。

这段孤独的岁月，让朴槿惠发现了人生真正的意义。她认识到，精彩的人生并不一定要被鲜花和掌声簇拥，不需要聚集很多观众，更不需要热闹的掌声。真正有价值的人生，能够体会孤独，感悟孤独，在孤独中绽放华美的乐章。

没有了外界打扰，朴槿惠每天都在积蓄能量，逐渐变得强大。多年后，她重回政坛，为了让政府变得更加干净、透明，毅然推行政治改革。一个看似柔弱的女性，却在政党改革问题上与一群男人争执不下，如果不是孤独给予她能量，断然无法以顽强的意志和执行力贯彻自己的政治原则，为信仰和国民幸福奋斗到底。为官为民，不是贪财图利，这些深刻道理的悟得，都是来源于那段孤独忍耐的日子。

显然，朴槿惠强大的能量正是来源于孤独。这 18 年的孤独生活，赐予了她坚定的信念和意志，让她有勇气在黑暗中摸索前行，在逆境之中奋起拼搏。这时候，周围有人嘲笑她，或者反对她，都无法令其皱一下眉头了。

可以说，正是 18 年的孤独生活成就了朴槿惠在政坛上的丰功伟绩，成为政界的精英，让她受到了世界人民的尊敬与爱戴。如果没有那段孤独的生活，这样一个柔弱的女子又怎会承担起治理国家的重任，又怎会拥有如此巨大的能量。

朴槿惠的经历告诉我们，一个人远离尘世的喧嚣，孤单地生活，也许看似可怜，但实际上却是难得的修身养性的机会。中国古代君王非常讲究慎独，即一个人的时候修养自己的品性。朴槿惠正是在孤独的日子里重新认识了自己，审视了周遭的一切，对生命也有了新的理解。

人生本来就是一次经受孤独的过程，没有谁能够每天都在欢声笑语中度过。既然选择了远离尘嚣的干扰，就要做好享受孤独的准备。如同朴槿惠一般，在远离尘世的18年时间里，在孤独中感悟生活，在孤独中学会成长，甚至重获新生。

当今女性面对纷繁复杂的世界，难免遇到孤独失意的时候。此时，千万不能自暴自弃，因为人生本来就是一个经受孤独的过程，没有谁能够永远享受鲜花和拥护。同时，面对孤独，不妨学习一下朴槿惠，尝试着积蓄力量，改变自我，在机会来临时厚积薄发。

朴槿惠认为，独处的日子会让人的欲望变得简单，没有了现实的功名利禄，内心也会纯净许多。孤独能够让人沉思，让人成熟。只有在孤独中，人们才能够真正静下心来，反思自己，反思过去，感受从未有过的宁静，让心灵放个假。正是这种反思和宁静，让我们更加看清自己，看清世界，迸发出智慧的火花。

无法灵活应对所有的人和事，一片赤诚却不被人理解，在陌生的地方没有知己……于是，人们会陷入心理困境，感受到孤独。无法忍受孤独，情绪可能会失控；耐得住寂寞，那就是一种境界和品味。

人生的路很长、很远，每个人只能陪你走一段，许多关键路口终究还要自己面对。关于幸福，关于爱情，关于友情，能够被人理解是一种幸运，如果不被感知也不必孤单和遗憾。凡事问心无愧，有安稳的心之归处就足够了。

不是所有的人都可以陪伴你一辈子，不是任何感情都会一如既往，面对那些孤独的日子，要学会默默接受，甚至独自前行。即使长途漫漫，荆棘不断，也要相信幸福之花会满山开遍。

在孤单的时候如何坚持下去，排解内心的寂寞和无助，确实考验一个人的灵魂。某种信念，某一句话，此时都能成为精神的寄托，支撑着你走下去，获得坚持下去的力量。缺少理解和关爱，身心疲惫的时候，想想家人、爱人、朋友，就能感受到生命的美好，那份落寞也会减轻。黑夜过去之后，明天又是阳光灿烂的日子，不必为了暂时的孤寂而情绪低落。

在第一次独处里，回归自己

为什么总是感到烦闷和不安，因为内心太过嘈杂了；为什么做事没有头绪，因为没有平和宁静的内心。其实，一切烦恼的根源都来自内心的躁动。心静不下来，眼睛看到的一切都会变形，整个人的状态郁郁寡欢，往往把抱怨挂在嘴边。

在远离政坛的日子里，朴槿惠享受着难得的安宁，内心沉静超然。这样的日子不是太多，而是太少了。有人说，这段时期朴槿惠肯定心情抑郁，孤独无助。恰恰相反，这是她平生最恬淡、幸福的时光。没有了凶险的政治，没有了心计的较量，她在平静的日子里过得有滋有味。

更重要的是，心静了能思考更多东西，也能更深入地思考问题。所以在隐居的日子里，朴槿惠在心智上也有了突飞猛进，完成了一次蜕变。

多年以后，朴槿惠重返政坛，开始与各阶层人物打交道，整天繁忙而劳累。表面上停不下来，其实她无时无刻不在冷静理智地思考问题，内心的安宁与外界的热闹形成了鲜明的对比。除了她本人，恐怕没有谁能领略到这种奇妙的体验。

此外，政治人物本身就是孤独的角色，尤其是当不被人理解的时候，那种感觉可以令人丧失斗志，甚至绝望。朴槿惠适应了一个人独处的日子，所以即便在政治活动中有什么艰难的时刻，丝毫不会影响其情绪。更多时刻，她在以智慧完成自己的工作。

在那些痛苦寂寞的岁月里，面对生活残忍的折磨，朴槿惠总是以“日日新”的观念，度过了一个个黑暗冰冷的夜晚，迎接每一个黎明的到来。多年养成的习惯让她意识到，每天都要发现全新的自我。所以，她从不留恋过去，更不会执迷今天。世界每天都在变化，每天都是全新的。朴槿惠用自己真实的人生经历印证了这句话的深刻内涵。

朴槿惠在日记中写道：“我喜欢在晚饭后散步，天气不冷也不热，非常舒适，不由得开始感叹起季节的美好。经过了这么多年的遭遇，我终于发现，置身于大自然中能够如此的放松，感受大自然带给我的幸福。每次想到能拥有这样简单平凡的幸福，我就非常开心。其实，在这样悠闲的时光里，思考人生是最有意义的事情。”

多年后回忆起艰难时刻，朴槿惠说：“那些散步的日子让我获益匪浅。不仅能够自由地放飞思绪，还能尽情地享受一个人的生活，这样的欢乐非常难得。我一生中有许多宝贵的感悟都是在那个时候获得的，它们至今依然留在心里，就像夏天翠绿的树叶带给人希望一般，激励着我不断奋发向上。”

生活中的挫折和困难，以及喧嚣的世界，让人波澜起伏，无法平复心绪。“非淡泊无以明志，非宁静无以致远。”生活之所以浮躁，正是缺少这种宁静。朴槿惠充满政治智慧和顽强意志，在很大程度上得益于她静心的功力。心静了，才能理性思考，作出正确判断。这是决策的关键。

然而，不是每个人都能轻易拥有内心的宁静，良好的心态不是一朝一夕就能养成。如果你想获得幸福快乐的人生，那就去追求内心的宁静吧！宁静内心的人总能将自己从污浊混沌、烦躁冲动的生活中解脱出来，拥有超然的境界。心境好了，就不会产生烦恼。

“一个人如果能够控制自己的心境，那他就胜过国王。”在这里，心境涵盖了很多方面，能够做到心境的自控是高情商的表现。心境究竟是什么？它是一种微弱、平静而持久的带有渲染性的情绪状态，能够在很长一段时间内影响人的言行。工作成败、生活条件、健康状况等，会对心境带来不同程度的影响。

虽然基本情绪具有情境性，但心境中的喜悦、悲伤、生气、害怕却要维持一段较长的时间，有时甚至成为人一生的主导心境。虽然有的人一生饱经风霜，却总能以一种积极乐观、豁达的心境去面对生活。这就是心境影响的结果。

宁静能够使人沉淀出浮躁、浅薄等杂质，避免许多轻率、鲁莽的事情发生，让人变得更加心明神清。但是生活中并没有完全绝对的平静，烦恼和挫折总是无处不在。只有追求心灵的安宁，才能使人的身心得到真正的放松。面对纷繁复杂的社会和各种诱惑，唯有在孤独中保持内心的安宁，才能成为有智慧的人，作出正确的分析和判断。

如果你还在为了某些小事抓狂，请静下心来吧。心静的人，外界的一切纷扰都不会对其产生任何影响。拥有健康的人生心态，自然容易获得生存的智慧，走过人生的寒冬，迎来充满希望的暖春。

做个爱读书的女子，知性而美丽

爱美之心，人皆有之。很多人为了外表的美丽花尽心思，但这些方法只能换取一时的愉悦，却无法阻挡面容的衰老。唯有读书，才是永久的美容方法。书籍是人类进步的阶梯，读书使人开阔眼界，帮人提高修养。

笛卡尔曾经说过："读一本好书，就是在和高尚的人进行交谈。"经常读书的人，心灵必定是充盈的。读书能抚慰人的心灵，培养独立思考的能力，获得无穷无尽的智慧。年纪很小的时候，父母就鼓励朴槿惠多读书。书籍摆满了整间屋子，是朴槿惠童年最钟爱的礼物。

书籍陪伴朴槿惠度过了整个童年。小学期间，她就开始阅读各国的历史书籍，了解世界各地的风土人情，掌握世间百态和人间万象。从那时候起，朴槿惠对书的热爱就与日俱增。

离开青瓦台的那段岁月里，朴槿惠感受到了世间的人情冷暖，为了抚慰心灵，她开始疯狂地阅读。通常，她一整天都沉醉在书籍当中，阅读过《法句经》、《金刚经》、《圣经》等宗教类书籍，还将《贞观政要》、《明心宝鉴》等随身携带，以便在空暇时间阅读。

事实上，朴槿惠阅读的书目多而杂，这帮她开阔了视野，训练了思维。成为韩国总统以后，朴槿惠经常在公开讲话中运用先贤的哲理。对《论语》、《孟子》、《列国志》等中国传统典籍，她可以信手拈来。

三十多岁的时候，朴槿惠出版了多本散文集，还加入了大韩文人协会，甚至被中国台湾的中国文化大学授予“名誉文学博士”。

从政以后，尽管政务繁忙，但是朴槿惠每天仍然抽出时间读书。身边的工作人员曾经透露，朴槿惠家中的藏书多到令人不敢相信，而且这些书并不是摆设，每一本书她都阅读过。朴槿惠说，尽管岁月让人逐渐衰老，但书籍却让人越活越年轻。

莎士比亚曾说：书籍是全世界的营养品，生活里没有书籍就好像没有阳光；智慧里没有书籍就好像鸟儿没有翅膀。如果生活没有阳光，到处黑暗一片，那生活将失去意义；如果鸟儿没有翅膀，将无法自由飞翔，它的生命也会黯淡无光。

“腹有诗书气自华”，读书能陶冶人的情操，看到自身的不足，具备更宽广的视野。读书还能改善人的品性，提升人的思想境界和素养，让灵魂得到升华，心灵得到净化。女人的魅力不只靠外表的华丽来装饰，还要依靠高贵的内涵来彰显。做一个爱读书的女人，会变得知性而美丽。

朴槿惠用亲身经历诠释了读书的重要性。平常无论多忙，她都会抽出时间来读书。生活艰难时，她从书中找到了宁静；在阅读中思考人生，她领悟了人生的真谛；生活安宁时，她通过书籍与名人对话，增加个人内涵……对朴槿惠来说，读书是一种享受，可以完成精神上的成长，拥有广阔的精神世界。

外表的美丽固然重要，但不注重心灵建设也是徒劳的。书籍让女人变得聪慧，变得成熟。爱读书的女人一定怀揣着最美好的梦想，即使平凡得像一颗小草，依然能点缀起广袤的草原。在她们的世界里，充满了鸟语花香，永远有蓝天白云相伴，因为她们心中有永不泯灭的梦想。

爱读书的女人是优雅端庄的，举手投足间自有一股韵味，让人一眼就从人群中分辨出来。由于受到了书香的熏陶，她们宛如山间静静开放的百合花，吸收着天地精华，散发出诱人的芬芳。她们的美不会随着时间的流逝而褪色，反而在时间的沉淀中愈发厚重，就像是一块玲珑剔透的美玉，让人看了便想呵护一生。

一个经常读书的女人浑身散发着醉人的气质。她们从不抱怨生活，从不叹息命运的不公，更不会一个人自怨自艾，孤独惆怅。由于有着深厚的见识，她们能从容面对生活的不幸，懂得在平凡的生活中创造不平凡的人生。不抱怨环境，也不羡慕嫉妒别人，这是阅读赐予的良好心境。

女人如果想有所成就，光靠浮夸的外表是不行的，必须具备深厚的内涵。用优雅的气质、得体的谈吐、高深的见解俘获人心，更能展现你的睿智与魅力。显然，读书能帮你做到这一切。

每个优秀的人都不是孤军作战

人一生无法做到独来独往，随时需要朋友的帮助和支持，没有人能够完全靠自己取得成功。当你感到孤独的时候，朋友会陪在身边为你分忧；当你烦恼的时候，朋友就是最好的倾诉对象；当你遇到困难的时候，朋友更会无私地伸出援助之手，为你解决生活中的难题。

朴槿惠从小就不善言谈，即使在学校那段青葱岁月里，她也很少和同学们接触。但是，这并不代表她是一个性格孤僻的人。相反，朴槿惠遇到困难的时候，总会有一些意想不到的朋友出面，温暖她那受伤的心灵。

“虽然她是总统的女儿，但是从来不摆架子，对学习非常热情认真，对待同学和师长也十分忠诚。”朴槿惠就读韩国西江大学期间，朋友和师长这样评价道。

离开青瓦台以后，朴槿惠将自己封闭起来。这时候，她的堂哥，也是唯一的朋友朴在鸿给予了最真诚的关心和帮助。他主动找到朴槿惠，关切地说：“你现在应该找个人恋爱、结婚、生子，只要有了情感上的寄托，你的伤痛就能痊愈。”虽然朴槿惠并未听从堂哥的建议，但是在以后的日子里，每当想起亲人真诚的关心，她都能感受到一丝丝温暖，内心的伤痛也会减轻许多。

朴槿惠成为韩国总统后，韩国大使李揆亨对她作出了高度评价：

“朴槿惠一直恪守着韩国女性的原则，做事平静、沉稳，从不冲动，但是也非常执着，只要认为是正确的事情就会一直坚持下去。”李揆亨与朴槿惠私下关系十分友好，曾经在后者竞选总统的时候给予了大量帮助。

此后，李揆亨也曾在多个场合高度评价朴槿惠，并且表示将永远支持她的政策。他说：“朴槿惠是一位无私的、伟大的女性，她虽终身未嫁，但是把自己献给了大韩民国，她的婚姻是整个国家的。”对朴槿惠的无私奉献，很多韩国民众也深为感动。由此看来，朴槿惠并不孤独，她时刻受到朋友、民众的关注，也得到了外界更多的支持。

伟大的教育家孔子说过：“德不孤，必有邻。”有德之人能自我反省，不断积善累德，在世上绝对不会孤单，必定有志同道合的人前来亲近，相互切磋琢磨，比邻而居。现代社会是一个整体，每个人都不可能被孤立，你随时需要朋友的帮助。

朴槿惠当然也不例外，在隐居的漫长岁月里，因为得到朋友的帮助，她度过了许多难熬的日子。朋友不仅带来了物质上的帮助，还有心理上的安慰。

女性是柔弱的，因此在生活中更需要朋友相互扶持。朋友，可以使人感到不再孤单；朋友，可以使一个人的世界充满欢声笑语；朋友，可以帮助你不断进步；朋友，就像冬天的阳光一样温暖你我的心灵。

朋友能帮助你度过难关、取得成功，但并不是所有的朋友都会无私地给予帮助。因此，你要具备选择朋友的能力。好朋友是终生的依靠，也是前进的动力。那么，怎样才能选对合适的人，发展成密切的朋友关系呢?

第一，要有积极主动的态度。如果你想交朋友，就要付诸行动，而不要等待朋友来靠近你。每一段关系都需要双方共同努力维持，单方面的努力只会让付出的一方感到疲惫。

第二，不能强迫别人喜欢你。每个人都有自己的喜好，你不可能得到所有人的喜爱，但是可以让自己变得可爱一些，得到更多人的欣赏。

第三，学会倾听对方谈话。先理解他人，再争取别人理解自己，这是一切良性交流的基础。你在朋友中拥有的信任程度，就像银行里的账户一样。如果你以细心、周到、忠实的态度对待朋友，自然容易赢得友谊。

遵守以上几个法则交朋友，相信你遇到困难，或者需要帮助的时候，一定会有人为你挺身而出，让你不再成为孤家寡人。

第九辑

奋斗一生：努力到无能为力，拼搏到感动自己

“宝石和时装并不是女人必备的物品。当然有则更好，然而在拥有这些东西之前还有必备的东西。真正使女人变得美丽的，恐怕就是坦率的语言、端正的举止以及贤淑的心灵。”

人生最大的敌人是自己

哲学家奥里欧斯说：“生活是由我们的思想造成的。”每个人都是自己思想的产物，一切生活景象、行为特征都是思维作用下的结果。思考呈现出复杂性、多变性的特征，也使得我们的人生呈现出多样性。

在男性主导的世界里，女人如果想大有作为往往需要付出更多。受到传统观念、社会分工的影响，许多女人过早放弃了梦想与行动，无法有效提升个人价值，过早失去了上升空间。人生最大的敌人是自己，能够战胜自我的人终将成就非凡的未来。

在韩国政坛中，有许多人出身名门、受过良好教育，也有许多财阀豪门之裔。在这个人才济济的舞台中，朴槿惠作为一名女性能够脱颖而出，取得令人无法匹敌的成就，源于她不断突破自我、战胜自我的奋斗精神。

在学生时代，朴槿惠有机会走遍世界各国，彻底感受到了外语能力的重要性。于是，她开始热衷于学习英语，无论搭公交车、整理房间、织毛线或刷牙，只要一有空就背诵新单词、例句，或者听录音带。后来，又阅读英文原著。熟练掌握英文以后，朴槿惠扩大了外语的学习范围，开始尝试着掌握法语和西班牙语。甚至在步入中年以后，也不忘学习外国语言。现在，她能熟练地运用四国外语。

对朴槿惠来说，学习外国语言意味着可以见识到更广阔的世界。语言是提升生活质量、工作能力的一种手段，见识到以前从未熟知的事物，那种成就感与满足感远远超乎想象，与美食和新衣服带来的快乐截然不同。

为了在政治上开创一片天地，朴槿惠还主动接触网络，用互联网与国民进行沟通。在新技术面前，这个年到中年的女人没有落伍，始终走在时代前列。与此同时，朴槿惠还不忘加强体育锻炼，增强身体素质，因为健康是一切的基础。

父母过世的打击，曾经一度让朴槿惠变得非常虚弱，很容易感冒。她没有让身体素质继续变差，开始学起丹田呼吸法。这对精神状态有很大调节作用，一段时间以后，朴槿惠内心平静了，胸口的郁结也开始慢慢消失。此后，她明显感觉身体免疫力增强了，在身体强健的同时，无形中培养了胆量、毅力和自信。

朴槿惠能有今天的成就，与她点点滴滴的努力密不可分。她把“绝不浪费一分一秒”当做人生格言，激励着自己迎接每一个崭新的明天。

尼赫鲁说：“一个人能在战场上制胜千军，但只有战胜自己才是最伟大的胜利者。”人生最大的敌人不是别人，而是自己。在逆境中，战胜自己的懦弱和胆怯才能走出困境；取得成绩之后，战胜自己的骄傲和自满才能立于不败之地。

许多人走到人生的十字路口，会陷入迷茫，失去斗志，或者不再努力付出。于是，他们的人生就此止步，以后很难有更大发展。在人生的低谷不消沉，在人生的巅峰不自傲，朴槿惠始终勤奋努力，最终成为杰出的时代女性。

当一个人走向了人生的巅峰，看似强大到无法打败，但此时却是处境最危险的时刻。如果不能超越自我，无法完成能力拓展，接下来注定开始走下坡路。

爱默生说：“一个人就是他整天思考的那种形式……他怎可能是其他样子呢？”我们至少要明白一点，只要知道自己在想些什么，就知道自己会是一个怎样的人。因为每个人的特性都是由思想决定的，心理状态在很大程度上决定了一个人的生活状态。

工作中遇到挫折，人们习惯把失败原因归结为同事不配合，或者客户不讲理，很少反省自己。埋怨没有机会，埋怨缺少伯乐赏识，埋怨没有遇到合适的机会……认真想一想，真的是这样吗？

只要客观分析一下就能发现，那些失败的理由都是站不住脚的，更多是在为自己的失败找借口。事实上，你在工作上无所建树，业绩乏善可陈，不是外界那么多客观原因造成的，主要是自己缺乏做事的意志、能力等。这个世界上没有人能阻挡你成功，只要你足够努力。

请牢记，事在人为。失败不是因为你缺乏这样或那样的实力，而在于工作心态，以及无法有效掌控工作情绪，结果过早地选择了放弃努力。工作是一生的事业，耗费人们漫长的时光与精力，因此调整好情绪，才能发挥应有的才华、技能，在工作中有所建树。

懒惰的女人，会给失败找各种各样的借口。她们不断重复着失败，重复着对生活无尽的抱怨。一个成功的女人，拒绝给懒惰找借口，善于行动，精于行动。她们有强大的内心世界，不惧生活带来的各种不幸，懂得通过自己的努力，改变着人生的境遇。

不遗余力地寻求支持与合作

一个人的力量总是显得过于单薄，不管怎么努力都不见任何成效。这时，你需要寻求别人的支持与帮助，通过合作为梦想添砖加瓦，使之成为现实。

人类社会的生存与发展离不开彼此之间的支持与合作，无论是国家还是个人，都少不了努力交朋友。善于集众人之智慧于一身的人，懂得寻求外界支持的人，更易于成就大事。

20 世纪中叶之后，韩美两国结成了军事同盟，双方开始在韩国建造军事基地。进入 21 世纪以后，两国关系随着世界形势的变化不断出现裂痕。

为了弥合分歧、深化合作，朴槿惠代表韩国于 2007 年出访美国，并在肯尼迪学院发表了以“韩国与美国，共同分享未来”为主题的演讲。

尽管这个主题显得有些沉重，但是会场内座无虚席，在场的学生都聚精会神地倾听朴槿惠发表演说。结束之后，不少学生纷纷提问。

“当前，韩国境内的现代汽车工会组织纠纷严重，而据我所知，您本人对此是持批评态度的。请问，您会如何对待工会组织呢?”

“在哈佛就读的学生中，韩国留学生占外籍留学生人数的第三位，我身边很多韩国同学都抱怨韩国大学的录取制度。若您当上总统之后，请问会给出怎样的解决方案呢?”

“你提出的铁路轮渡计划，与李明博总统的运河计划有什么区别?”

“在历史上，日本曾经侵略过韩国，如果您就任总统，对日本的外交政策会采取何种姿态?”

面对这些犀利的提问，朴槿惠没有丝毫的慌张，耐心地为热情的学生做了解答。朴槿惠明白，这些敏感的问题恰恰是两国都关心的话题，只有毫无保留地说出内心的真实所想，两国的关系才能朝着更坚固的方向发展。

回答完这些问题之后，朴槿惠还与学生们合影留念，充分感受到了这些年轻学生的朝气与蓬勃，并且真心希望韩美两国共同分享美好的未来。

在许多场合，朴槿惠公开表达过对韩美同盟关系的美好畅想。除此之外，她还与美国政界的许多人保持着密切、良好的私人关系。

2006 年，朴槿惠遇刺时，美国国务卿赖斯通过驻韩大使馆送来了慰问信。这让朴槿惠深受鼓舞，并对赖斯心存感激。2007 年，朴槿惠出访美国，第一次见到了赖斯，两人如同知己般惺惺相惜。

后来，在朝鲜问题上，朴槿惠在赖斯的带领下让六方会谈取得了显著成效。对于韩美未来的路，赖斯坦诚，只要两国不断加强合作，朝着共同的目标努力，再多艰险也不值得畏惧。

单靠个人的力量完成一件事，即使拼尽全力也很难获得成功。因此，与人合作就成了制胜的关键。因此，朴槿惠致力于推进与美国的友好同盟关系。她明白，韩国获得发展和进步，不仅要靠自身的实力，同样也需要其他国家的帮助与支持。因此，只有与世界各国坦诚相待，友好合作，在合作中共同进步，才能不被淹没在飞速发展的国际浪潮中。

从政如此，工作、生活亦是如此。现代女性在职场中谋生存，求发展，更要像朴槿惠那样寻求支持与合作，在梦想着更大成就的同时取得更大业绩。

事实上，每个人的能力都是有限的，善于借助他人的力量和智慧才能拓展自己的发展空间。在一个团队中，一个人再能干也不可能单独完成某项重要任务，只有整个团队协作，把每个人的智慧和创新都融入到工作中去，才能打开局面，摆脱困境。

许多时候，单凭一己之力达不到目标时，你就不得不考虑其他出路。一个人的强大不仅在于提升自身智慧，凝聚众人智慧更重要。抱着一颗坦诚谦虚之心善纳忠言，广采博纳，凡人也可能成为超人。

在全球化、信息化时代，善于处理人际关系，懂得借用团队力量，才能在工作中打开局面，有所作为。而在生活中，女人也需要来自家庭、朋友的帮助与信任，从而收获安全、幸福与快乐。

为此，我们必须投入时间、精力，经营好各方面的关系，必要的时候给予他人帮助和支持。日后，你才能在需要帮助的时候得到他人鼎力相助。

努力提升气质与底蕴

库中曾说:“许多容颜俊美的人却一事无成，因为他们过于追求外形的美，而放弃了培养自己的内涵。”就像美丽的花儿无法保持永久的艳丽，注定逃不过枯萎、腐烂。美丽的容颜随着岁月的流逝越发平淡，只有永恒的内涵会随着岁月的流淌越发闪光。

朴槿惠上任以后，致力于提升中韩关系，多次访问中国，在外交活动中展示了极大的女性魅力。许多中国人从媒体上看到这位 60 多岁的女人依然活力十足，不禁心生感慨。举手投足之间，朴槿惠流露出自信和高雅，让人觉得她是一个青春靓丽的少女。

爱美是女人的天性，永葆青春更是她们终生的追求。为了保持靓丽的容颜，她们不惜花高价买来昂贵的化妆品，但是这并没有阻挡时间的侵蚀，岁月的痕迹依然停留在了脸上。

岁月不留情，脸上的一道道皱纹便是证据。世界上没有永不衰老的女性，更没有永远青春靓丽的女性。但是，有的女人不再年轻，却活力四射，让人觉得别有一番风韵。因为她们有底蕴、有思想，所以成为一朵常开不败的花朵。

学识、修养、内涵，能展示出女人最真实的自我，让人从心底里尊重和钦佩。这比化妆品更能给女人增添魅力。

多年来，朴槿惠一直注重提升自身底蕴，加强文化内涵修养。在她的内心世界里，最重要的原则就是“与众不同的思考和行动”，以及“宽以待人、严于律己”。这两条原则是朴槿惠的人生信条，帮助她一路走来。

朴槿惠深信，人的认知是不断发展变化的。中国流传着各种名言警句，她特别喜欢这一句：“苟日新，日日新，又日新”。在朴槿惠看来，如果人在一天之内没有发生变化，那么就会变质、腐朽、堕落。即使你的外表和名字始终如一，但你的内在却不断被侵蚀，在不知不觉间就会腐烂不堪。等到日后再想改变，会于事无补。

与普通女性相比，朴槿惠并不在意外表上的装扮，一直以大众化的形象出现在公众面前，跟普通的国民没什么两样。作为一名成功的政治家，朴槿惠没有昂贵的皮鞋，没有高级的首饰，更没有名表、名车。这些豪华的装饰对朴槿惠来说没有任何吸引力，她一直坚持母亲教授的勤俭节约生活作风，展现给大众的却是不失风雅，简单、干练的女性形象。

由此看来，朴槿惠能够取得成功，绝不是简单依靠对政治的热情，更不是仰仗曾经的显赫出身，一切成功都源于她丰富的文化底蕴和深厚的修养。

著名诗人冯雪峰说：“人的美丽可爱，不仅仅由于她的容貌，起决定作用的是她的精神面貌。”一个人的精神面貌，外表只是一个方面，发挥基础作用的是内涵和修养。

一个真正有内涵的女人像一本简装书籍，封面很普通，甚至不起眼，但读起来却耐人寻味，内容丰富多彩，让人爱不释手。而那些徒有虚表的人只能依赖外表活着，好比一本没有内容的精装书，空有其表，枯燥乏味。

朴槿惠从不过分在意自己的外表，一直都以普通国民的面貌示人。生活中，她不但拒绝奢侈享受，反而衣着朴素，勤俭节约。她的美，源于深厚的文化底蕴，并赢得了世界人民的尊敬。

有底蕴的女人能够永久保持亮丽的外表，那份美丽历久弥新，展示出的是一种独立的自主意识和自尊自重的情感状态。底蕴养成了气质，成就了蕙质兰心的女人，她们超越了世俗女子的天真幼稚，在各种场合知书达理，但是没有女强人盛气凌人的气势。

每个女孩儿都希望拥有美丽的容颜，曼妙的身姿，因为人们了解事物往往由外表开始，而美丽的东西总是能让人记忆深刻，令人产生好感。但是，外表并不能替代女人的底蕴与修养。注重提升个人品味与气质，显然更能增添女性魅力。对女人来说，除了把时间放打扮修饰上，还要多花些时间提高自己的文化底蕴，在最美的年纪像花儿一样绽放。

对女人来说，永恒的内涵是美丽的源泉。总有一些人外表普通，但拥有高尚纯洁的灵魂和超凡脱俗的品质。在当今世界，朴槿惠便是这样的人。

当你放弃努力，就是老了

人生需要一些波澜，如果总是一帆风顺、万事如意，会失去很多成长的机会。人人都希望拥有精彩的人生，而不是终日在碌碌无为中度过。命运交响曲就应该是时而激昂澎湃，时而低回婉转，一唱三叹的节奏更能打动人心。

准备成就非凡命运的人，绝不会把挫折和挑战放在心上。朴槿惠将人生的不幸当做上天的馈赠，把所有的苦难都看做促成梦想成真的朋友。她毫无畏惧困难，因为经受过生命的锤炼，她早已不是那个稚嫩的弱女子，而是一名做派彪悍的女政治家。

朴槿惠曾经无数次在脑海中勾画韩国未来发展的蓝图。回归政坛以后，她决心建设新的大韩民国，让国民过上幸福的生活，不仅仅在经济上富裕，更要在精神上感到幸福和满足。

为此，朴槿惠始终站在挑战和决策的前沿，首先考虑到了女性的福利政策问题。多年来，韩国女性的地位和出生率一直保持在较低的水平，这让朴槿惠忧心忡忡。女性地位得不到提高，对大韩民国的构想就永远无法实现。为此，朴槿惠开始关注社会保育政策方面的内容，并率先提出在党内设立幼儿园的提案。

结果，这一提议遭到了反对，这似乎预示着未来改革之路困难重重。在大国家党内部，支持朴槿惠的人少之又少，但是这个倔强的女人并不屈服。她很清楚，任何改革都将损害部分人的利益，没有反对声才不正常。

面对各种指责，朴槿惠展示出强势的一面，对党内的相关负责人说："很多事情你不去尝试，就永远不知道能否成功，一个政党如果连一个幼儿园都无法建立，又怎么能够讨论关乎整个国家命运的妇幼政策呢?"

在朴槿惠的不断坚持下，大国家党终于同意了这一项政策，并于2004年7月1日正式成立"开心幼儿园"，逐步接收员工的子女入学。

直面困难，迎接挑战，不仅仅是为了证明自己多么强大，更重要的是当不幸袭来时，你有能力挺身而出，扮演守护神的角色。

通常，一个人敢于承担多大的风险，敢于直面多大的挑战，就证明她有多大的能力。有的人一直觉得自己能力有限，因此在面对困难时总是第一个抽身而退。不去尝试一下，你根本不知道自己有多大能力，不妨努力一下，遇见那个未知的自己。

即便努力过了，没有成功，你还可以继续朝着前方奋进，没有人能够阻挡你的勇气与决心。其实，一个人的成长与曲折、打击是密不可分的。那些具有坚强意志的人都有明确的目标，知道自己要做什么事，做到什么程度。对于前进道路上的挫折和打击，他们并不放在心上，因为那好比生活中的阴雨日子，不值得大惊小怪。也正是有了这些磨难，人生才变得更有乐趣，更有意义。

没有风浪，就不能显示船帆的本色；没有曲折，就无法品味人生的乐趣。如果你轻言放弃，那么永远也无法找到属于自己的天空；如果你能大胆面对，那么自然会冲破逆境，变得更加坚强。因此，柔弱的女人只要改变一下，多一些付出和努力，你的世界会变得与众不同。

把挫折看作是上帝抛给你的礼物，就不会抱怨人生的无常与无奈了。这就是改变意识，带来的心境变化。那些有所成就的人，无不具备这种自我激励的艺术。事实上，成功道路上必备的许多优秀品质，往往是因生活磨难而雕琢出来的。鼓起勇气面对生活的磨难，在曲折的人生道路上摸爬滚打，才会成为内心强大的人。

大海从来不会风平浪静，如果想在里面遨游，就要经受风雨的洗礼。生活不会辜负每一个努力的人，经受艰难困苦的洗礼，才能享受成功带来的喜悦。而面对困难，如果一味地选择逃避退缩，不仅无法及时解决问题，反而会成为彻底的失败者，永远失去绝地反击的机会。

朴槿惠的确开创了一个时代，也成为女人的一个标杆。她能站在韩国最高领导人的位置上，必然付出了巨大努力，饱尝了无数艰辛。她是伟大的领导者，为韩国以及这个国家的民众带去了希望和光明。

好习惯是成功的基础

美国作家奥格·曼狄诺曾经说过：“成功与失败的最大区别来自于不同的习惯，好的习惯是开启成功的钥匙，坏的习惯则是通向失败大门的钥匙。”有时候，你的人生目标无法达成，这时不妨审视一下是否与自己的习惯有关。

朴槿惠从小就保持一个好习惯——时常反省自己，并通过写日记的方式来回顾自己的一天。即使后来参政了，每天忙得抽不开身，但她依然坚持写日记，回忆当天的所作所为，记录下内心的感受。有人说，你可以什么都不会，但是至少拥有一个好习惯，那么就可能因此踏上成功的道路。

在《点滴的人生》中，朴槿惠这样评价习惯的力量：“好的习惯比什么都重要。就像织布一样，每一根经线和纬线看起来似乎十分脆弱，但是一旦放到织布机上，经过密密麻麻的交织过程后，它们就会形成又漂亮又结实的布，让人另眼相看。日常生活中的每一个小举动，每一句话语，都在编织我们的人生。随着岁月的车轮不断前行，这些看似不起眼的举动都会一一在我们身上体现出来。它们铸就了我们的成长，注定了我们的未来，这就是习惯。”

任何东西都比不上习惯带给人的财富，好习惯能让我们更加充实地度过一天，坏习惯却会让我们浪费一天宝贵的时间。培养好习惯不仅关乎自身的成败，更会对子孙后代产生深远的影响。好习惯的养成不是一蹴而就的，需要经年累月的训练。

今天，很多人在空余的时间里只顾消遣，慵懒地度过那些闲暇时刻。“千里之行，始于足下”，如果我们能把这些时间利用起来，培养兴趣爱好，并且持之以恒，多年后就能看到令人惊喜的改变。

法国作家培根曾说：“习惯是人生的主宰，人类应该努力追求好的习惯。”古往今来，许多人因为没有一个好习惯而断送了大好前途，而那些拥有好习惯的人最终成就了伟大的一生，推动了时代的发展。

向朴槿惠学习，从点滴做起，改掉坏习惯，养成好习惯，一生的命运也会有所改观。当然，好习惯不是一朝一夕就能养成的，拥有坚韧的毅力是先决条件。而事实上，坚韧本身是一种高度的自律，需要强大的自控能力。

很多人工作时经常忙得团团转，一天东奔西跑，非常辛苦。在别人眼中，他们是勤劳的化身，可是回头想想，尽管非常忙碌，却没做出什么业绩。虽然每天看似很充实，没有一刻闲暇时间，但是工作却没有预想的那么出色，这样难免会打击人的积极性。

忙碌，但是业绩差劲，原因在哪里呢？须知，忙碌不一定是好事，工作业绩也与忙碌没有必然联系。有时候不是你不努力，而是没有良好的工作习惯——分不清主次，不知道先干什么后干什么，没有合理的工作计划，势必导致一事无成。

英国作家王尔德说过：“起先是我们造成习惯，后来是习惯造成我们。”如果你想获得成功，先养成好习惯吧！良好的工作习惯能帮助我们享受工作，享受生活。它可以帮助更多的人抛开忧虑，打倒烦恼，每一天都过得有意义。

好习惯是人一生的财富，昨日的习惯已经成为过去，明日的习惯将决定未来。女性朋友们，赶紧戒掉生活里的坏习惯，克制自己，养成好习惯，这将促使你改变一生。

女人要让自己变得更有价值

多年来，朴槿惠一直努力提升自我，付出了艰辛与汗水。就任总统之后，为了搞好外交关系，她每次都会在演讲中使用当地语言，展示了出色的口才能力。

2013 年 5 月，朴槿惠访问美国。在美国国会，她用流利的英语发表了演讲，赢得了美国人民的一致赞赏。收到良好的预期之后，朴槿惠认为这是一个极好的外交手段，在即将到来的中国访问之行前，朴槿惠开始强化汉语练习。

2013 年 6 月 27 日上午，朴槿惠以韩国总统的身份抵达北京，开始了就任总统后首次中国之行。这位女总统会讲汉语，喜爱中国哲学，多年来致力于促进中韩友好合作，给中国人留下了深刻的印象。

朴槿惠一行人来到中国，用流利的中文同前来迎接的人相互交谈。“朴总统的中文水平令人吃惊”，在场的人这样评价。朴槿惠对记者表示，访问中国期间将进行多场演讲，其中至少有一场将完全使用汉语。

显然，朴槿惠用当地语言在中美两国进行演讲，不仅表达了她对美国和中国的敬意，也有助于取得更大的外交成果。以往，外国贵宾访问中国的时候，很少有人使用汉语进行演说。朴槿惠的做法，充分表达了韩国方面对中韩关系的重视，将对中韩两国在今后的合作关系产生积极影响。

此前，只有澳大利亚前总理用汉语在中国发表演讲。他在大学期间主修中文，毕业后曾在北京担任外交官，是一个汉语专家，还给自己取了一个地道的中文名字“陆克文”。与陆克文相比，朴槿惠并不是一个地道的“中国通”，但是她对中国文化的了解却令人吃惊。她从小学习汉语，平时利用琐碎的时间不断提高汉语水平，最终可以流利地发表演说。

从朴槿惠身上，可以看到什么是坚持不懈地努力。正是默默学习和坚持让她不断升值，一步步攀登到政治的高层，成功跻身男性主导的韩国政界之中。

如果想在职场中不断攀升，获得更高的职位，首先要提升个人素养，让自己的综合能力不断升值。升值包括个人道德素养、工作经验、工作能力等各方面的全面提升，需要时间的历练，不断在失败中汲取教训，在工作中提升水平。

机会总是留给有准备的人，这是一个必然的规律。在偶然与必然之间，机会是“偶然”的，有准备是“必然”的；有准备才有机会，没有准备就没有机会。既有准备又遇到了机会，成功也就成了“必然”。

很多人都幻想用机会改变命运，于是期待着与机会偶然相遇。其实，这是很不靠谱的一件事。因为机会真的有一天降临了，如果你没有做好充分的准备，注定会与它失之交臂，因为机会只光顾有准备的人。

与其抱希望于机会，不如抱希望于自己。因为，真正能改变世界、扭转乾坤的人是你，是行动。如果自己不努力，谁也给不了你想要的生活。

朴槿惠一次又一次在国际舞台上展现风采，这不是偶然的。没有数十年如一日艰辛的努力，不会有那一刻的辉煌。不论你从事什么行业、什么职位，都应尽量把工作做到最好，并不时地给自己充电。这样，就算你不去找机会，它也会主动找上门来。

任何工作都不会一帆风顺，有时候存在着一分耕耘不会带来一分收获的情形。当你付出之后没有业绩时，不必充满挫败感，不必在情绪上失望和低落。你还有时间和机会，继续努力，继续奋斗，在未来某个时刻，你的努力终将成就无可替代的自己。

当然，持续努力不是每日忙碌，不停歇地跟随时间的轨道向前。当你陷入瓶颈的时候，要主动调整工作情绪，改变工作方法，以及寻求同事帮助和团队支持，不断接近成功目标。既有工作热情，也有工作方法，最终取得工作业绩，这样的奋斗和努力才有价值。

现代社会竞争异常激烈，女人需要把自己当做“蓄电池”，不断给自己充电，学习新知识、掌握新技能、了解新信息。只有具备真才实学，有一定的专长，才能不断提高自己的综合竞争力，才能在男性主导的世界站稳脚跟。

世界每天都在变化，高科技每天都在改变人们的生活、思想和眼界。无论在工作的哪个阶段，无论何时，一定相信自己的能力，并为此努力。如果不肯付出，不寻求改进方法，终究会一无所得。在工作中，成功就是你比别人更用心，更能坚持。

第十辑

学会包容：宽容的心，才能装下宽广的世界

“我们要感谢生活中那些轻蔑你的人，正是他们的轻蔑和嘲讽，才让你有勇气证明自己的实力，创造辉煌的未来。面对外界的轻蔑，不如把它们当成是司空见惯的事情，这样或许会更舒服一些。别人对你的言行就像是一面镜子，如果自己做出受人歧视的事情，那么遭受歧视也是自然的。”

原谅他人等于善待自己

当你学会了释怀，心就变得轻松，无论是面对朋友还是仇人，你都能够报以甜美真诚的微笑。相反，如果始终不能忘记怨恨，这种做法其实是害了别人，也苦了自己。只有忘记那些不愉快，放下了责怪和怨恨的包袱，学会释怀，才能有更多的快乐。

当年，父亲朴正熙被刺杀后，金斗焕给他强加了一系列的罪名，“独裁者”、“亲日派”、“高压政治”、“独裁统治”等，把韩国的所有问题都指向了这位已故总统。全斗焕歪曲事实的做法让朴槿惠难以接受，她发誓一定要为父亲正名。

1989 年 10 月 26 日，在朴正熙去世后的第 10 个年头，朴槿惠终于可以公开为父亲举行追悼会了。

在日记中，她这样描述当时的心境：“对我来说，1989 年是注定难以忘却的一年。我终于为父亲洗刷了冤屈，让他恢复了名誉。在这 10 年的奔走中，我遇到了许多人，也接受过许多采访，并受到过很多伤害，但是这些付出都是值得的，因为我终于看到了回报。”

“在去年的时候，我还认为这是不可能的事情。我要感谢上帝的恩赐，这一定是天意。此时此刻，我心潮澎湃，这是该高兴的日子，是值得庆祝的日子，但是我却一点也高兴不起来。我一直在问自己，我为什么要来到这个世界上，难道父母生下我就是为了让我遭受苦难吗?”

“对于我来说，这是一段不堪回首的经历啊，但是马上它就要结束了，我甚至有些怀念，因为80年代有着特殊的意义。”

在朴槿惠看来，尽管父亲在执政时期有过许多失误，但是他从内心深处是心系大韩民国发展的。因此，他去世后绝不应该遭受如此侮辱。面对众人的背叛和伤害，这个无助的女孩陷入了前所未有的绝望，不仅仅是身体上的伤害，还有精神上的摧残。

一个势单力薄的女子，自己能够做什么呢？朴槿惠无力反抗，只有尽自己的力量搜集证据，为父亲正名。更为重要的是，每次准备回击外界的时候，耳边总是响起母亲的劝告，“要远离权力，始终保持平凡”。于是，朴槿惠面对这些伤害自己的人，选择了沉默和原谅。

现在看来，当时的忍耐是值得的，因为仇恨解决不了问题，诋毁也改变不了事情的真相。与其让愤怒来折磨自己，不如用宽容的态度让自己释怀。何况，现在父亲终于可以安心了，他的名誉并未被玷污。在一些人的支持下，为父亲正名的书籍和影视作品也开始陆续发表，这让朴槿惠感到满足和开心。

人的一生会经历各种艰难险阻，既有贵人相助，也有小人相伴。如果在小人那里产生了怨恨心理，带着这种情绪上路，以后的日子必然举步维艰。相反，如果能够从苦难折磨中放宽自己的心灵，将怨恨抛在脑后，那么人生道路就会变得顺畅、超然。

在怨恨情绪的影响下，人们会在心理上产生强烈的不满与愤恨。这种情绪有时会隐藏在内心，有时会爆发出来。无论以哪种形式存在，都会产生不良的负面效果。显然，积怨长期埋于心底，就会形成心理疾病，影响人的精神状态。如果让怨恨爆发出来，通常会伤害他人，最终给自己惹来麻烦。

朴槿惠遭受了太多屈辱与打击，但是她能够微笑面对，懂得原谅他人，甚至感谢对方帮助自己成长。她将怨恨远远地抛在身后，从来不受它们的干扰，所以才会以饱满的热情和努力为梦想奔波，最终成为韩国新时代女性的榜样。

有些东西要放下，比如对别人的伤害，你无法释怀，只能说明你被憎恨牵引，让过去事情压着现在的你喘不过气来。这，是一种悲哀。

有时候，外界伤害是一种砥砺，可以给人巨大的力量，让人在逆境中迅速成长起来，发掘潜在的能力。其实，伤害就像一个引爆点，既可以引爆仇恨心理，让你走上复仇之路，也可以引爆你的上进心，促使你展露积极奋进的一面。

“以恨对恨，恨永远存在；以爱对恨，恨自然消失。”即使是一个心胸非常宽广的人，也往往难以容忍别人对自己的恶意诽谤和伤害。但惟有以德报怨，把伤害留给自己，埋在心底，以大度宽广的胸襟去包容一切，才能在当下安心，才能赢来一个充满温馨的世界和明天。

学会释怀，才能求得洒脱。人生像是一次长途跋涉，不停地行走，沿途有些事也许并不能尽如人意，也许会历经许多坎坷，但是用一颗理智的心选择洒脱，选择心灵的释怀，便会拥有克服各种困难的勇气与信心。

为了内心的平静，请保持一颗宽恕、释怀之心。如果把过去发生的事都牢记心上，就会给自己增加很多额外的负担。过去的事已经发生了，时光不可倒流，不必耿耿于怀。一路走来一路忘记，永远保持轻装上阵，心才不累。

对年轻女性来说，外界的不友善与打击是一种磨砺。任何事情都不会如你所愿，这是一种常态。如果能够控制情绪，寻找应对的策略，无疑能提升生存的智慧。岁月会给人各种赏赐，当一个人学会了如何处理自己遭遇的痛苦，也就掌握了应对人生挑战的方法。

感谢那些轻蔑你的人

曾经走过的路，有得有失，有欢乐也有伤害，生活的真相就是在伤害中不断成长。别去仇恨那些伤害你的人，用一颗包容的心感谢他们，这不仅是成长的智慧，也是值得赞颂的人生哲学。

2004 年 3 月 28 日，朴槿惠到光州进行访问。与民众握手慰问的时候，一个人态度强硬地拒绝了朴槿惠的示好。显然，这是极其不礼貌的行为。对此，朴槿惠没有动怒，而是毫不在意地继续访问活动。最终，光州人民更强烈地支持她，比预想的效果还要好。

政治人物注定要承受各种非难，有人喜欢你，也会有人讨厌你。面对竞争对手的压力，面对反对者的诋毁，朴槿惠选择了默默承受，并尝试着感谢那些轻看自己的人。这似乎成为一种动力，激励着她更加严格要求自己，并做得更好。

在日记中，朴槿惠这样描述自己的心境：“我们要感谢生活中那些轻蔑你的人，正是他们的轻蔑和嘲讽，才让你有勇气证明自己的实力，创造辉煌的未来。面对外界的轻蔑，不如把它们当成是司空见惯的事情，这样或许会更舒服一些。别人对你的言行就像是一面镜子，如果自己做出受人歧视的事情，那么遭受歧视也是自然的。”

“在生活中我们要经常做到反省自身，时刻检点自己的言行是否符合身份，是否有不当之处。一个人的不逊只能暴露他低俗的品质，而和这些品质不高的人争论更是会损伤自己的品格。所谓‘金无足赤，人无完人’，这个世上并不是每个人都要变成高修养、高素质的人，但我们却依然需要朝着正人君子的目标前进，努力提升自己的品质。”

每天，我们都会遇到形形色色的人，有的人会宽容地对待你，有的人会扶持你的事业，也有的人会嘲笑你，轻蔑你。哪怕在路上行走，也会遇到一个冒犯你的人。轻率的言行和无礼的举动会伤害他人的感情，像吹来的一阵冷风让人猝不及防。仔细想来，其实这种遭遇也算是一种好事。因为你可以从他人身上看到缺陷，弥补自己的不足。

泰戈尔曾经说过:“世界之路并没有铺满鲜花，每一步都有荆棘。但是你必须走过那条荆棘的路，愉快，微笑!”对朴槿惠来说，也许在做成大事之前，注定要遭受别人的奚落和鄙视。这样一来，就能更坚定她行动的决心，促使她改变自己的命运。

面对他人的鄙视和奚落，朴槿惠如果当时给予反击，显然会让对手抓住把柄，陷入更加被动的局面。她的应对策略是忍耐一时，用努力来发泄胸中的怒气。结果，她终于战胜了鄙视、侮辱自己的对手，赢得了胜利。

一个有志气的人，会把他人的鄙视当作进步的阶梯，会把愤怒藏在心里，然后造成一种惊人的力量，使自己默默地沉着前进，奋斗到底。

人生在世，最重要的是怀有一颗感恩的心，对一切事物懂得包容，即便是面对那些伤害过你的人。用感恩取代仇恨，你的世界里会充满欢乐与安宁。感谢伤害过你的人，因为他们磨练了你的心志；感谢欺骗你的人，因为他们增长了你的智慧；感谢蔑视你的人，因为他们唤起了你的自尊；感谢抛弃你的人，因为他们教会了你独立。

没有伤害，就不会有成长，遇事要想开一些，生活中的不愉快其实是人生的调味剂。工作上有人放冷箭，就当是一种磨砺。走在人生之路上，随时播撒包容的种子，充满荆棘的路途会有鲜花绽放。

丢掉抱怨，学会改变自我

在所有缺点中，抱怨对成长来说是最致命的伤害。假如一个女人拥有世上所有的美德，外貌也十分出众，却唯独喜欢抱怨，有一点小事就对身边的人喋喋不休，那么她所有的优点都将归于零，人生也会黯淡无光。

很多人了解到朴槿惠的经历后，都直呼不可思议。人们无法想象，她是如何从绝望中重生，又是如何在不幸的生活里重新找到人生方向的。在接连不断的打击面前，朴槿惠没有发过牢骚，更没有抱怨身边的人，她选择默默地承受，相信一切自有安排。

母亲去世之后，原本完整的家庭变得残缺不全，而那些美好构想也全部泡汤。人生的梦想破碎了，朴槿惠没有抱怨，因为她知道这是无法逃避的命运。回忆起那段艰难的岁月，朴槿惠说："我在众人面前强忍住泪水，因为在那个场合我已不再是以前的朴槿惠，而是履行'第一夫人'职责的朴槿惠。"

事实上，朴槿惠的梦想是站在讲台上教书，但是母亲的突然离世改变了她的人生轨迹。于是，她不得不收起一个小女生应有的稚嫩，担负起更大责任。"我要及时承担母亲的责任，这不仅可以抚平内心的悲伤，还能安慰父亲，更能抚慰整个国民的情绪，让他们重获温暖。这种责任对我来说，是一种巨大的力量。"

此后，无论面对父亲离世，还是有人背叛自己，以及遭到对手抨击和责骂，朴槿惠从未有过任何抱怨。尽管遇到了各种不幸，承受着多种压力，但是她没有时间发牢骚，也没有心生抱怨，更没有感叹命运的不公或时运不济。

不管是天灾还是人祸，每次危机来临，朴槿惠都能很快地从悲痛中走出来。她总是积极改变自我，包容生命中那些不幸，成为一个淡定的女人。这份乐观、坚强和自信，甚至连很多男人都自愧不如。

威尔·鲍温曾经说过："当我们抱怨的时候，其实是为了获取他人的注意和同情，以避免去做不敢做的事情。"人生中难免会遇到许多不顺心的事情，如果习惯抱怨，缺乏理性思考、自我改进的努力，就会失去成长的机会。

很多女人遇到烦恼的事情，牢骚满腹。不仅别人听着累，过后自己也会觉得无趣。因为在这些充满抱怨的语言里，听不到任何有价值的信息，更没有睿智的言论。一个只会抱怨的女人，不会受到周围人的同情，相反只有无尽的被厌恶和被轻视。

大多数人产生抱怨情绪，最开始的时候只是因为担心某件事情会发生，从而怨愤或嗔怪他人。用抱怨提醒或者警告对方，似乎令人担忧的事情就不会发生了。但是，实际情况与之相反，抱怨非但不能消除忧虑，反而会使本来不会发生的事变成现实。

其实，"抱怨"就是和别人诉说内心的危机感。伴随着这种倾诉，危机感没有消失，反而会不断加强。起初，你并不相信事情会发生，只是防患于未然，但是随着抱怨次数的增加，你开始相信事情可能会发生，甚至觉得事情马上就会发生。

抱怨遇人不淑，抱怨社会不公，内心充满了敌意与怨恨，就不再努力改变窘境，不去弥合分歧，于是你离快乐越来越远，离不幸越来越近。最终，抱怨把担心的事情变成了现实，苦果只能自己去尝。

不去抱怨生活的人，永远是命运的主人。因为了解自己，才会更加自信，即使陷入困境也会找到应对的方法，所以始终立于不败之地。强者之所以不会倒下，是因为他们勇敢面对自己的弱势和不足，在困难面前逆势突围。有了这种积极的情绪和心态，你就能成为一个内心强大的女人。

生活中存在着种种美好，需要用心去认识、欣赏和经营。如果失去了耐心、认真，遇事情绪失控，抱怨各种不如意的地方，那么人生就没有丝毫乐趣了。

意志坚强的女人总能迎难而上，把最悲惨的事实变成最富有创意的生活体验。在苦难面前，她们不会像鸵鸟一样把头埋进沙土中，去逃避现实；而是接受命运的安排，勇敢迎接挑战。不抱怨的人，不抱怨的人生，终会赢得世人的敬重。

女人应当以朴槿惠为榜样，用宽容的心对待一切，培养自己善良、真诚和执着的品质。遇事不抱怨、不怨恨，面对苦难不退缩，迎难而上，在苦难中磨练自己，修炼强大的内心，使自己成为善良坚韧的女子，任何困难都无法战胜你。

向支持者致敬，没有他们就没有你

在这个世界上，没有一个人能单凭一己之力取得胜利。不管你多么聪明，能力多么超群，都需要支持者，都需要有人为你出谋划策。对柔弱的女性来说，接受外界支持，并报以感恩之情，显然更能完成人生突破。

2012年大选之前，民意调查结果显示，总统候选人朴槿惠获得了42.4%的支持率。这位曾是“总统女儿”的候选人引起了大家注意，因为她凭借极高的支持率很有可能赢得此次党内预选，而后有机会赢得最终的总统选举，成为韩国首任女总统。

当时，排在朴槿惠之后的是首尔大学融合科技院院长安哲秀，获得了19.6%的支持率。安哲秀是一位颇受年轻人欢迎的计算机病毒专家和企业家。前总统卢武铉的秘书室室长文在寅排在第三位。

为了赢得更多的支持率，朴槿惠下了一番苦心。她一面试图与现任总统李明博保持距离，另一面又设法吸引传统自由派选民。在朴槿惠的支持者中，有一大批是经历过朴正熙时代的中老年人，他们希望“总统女儿”再创“汉江奇迹”。

当时，最大的竞争者是安哲秀，他提出的竞选口号迎合了年轻选民的欢心。许多人甚至从朴槿惠的阵营转投过来，这显然构成了一种强大压力。

尽管时常在公共场合发表激动人心的讲话，但朴槿惠的私人生活却并不被外界所知，而几十年没换过发型更让年轻人感到不可思议。为了争取年轻人的认可，朴槿惠十分注重互动，认真回答年轻选民的疑惑，并与他们一同合唱动感十足的歌曲，借此改变以往的“贵族形象”。

2012 年 12 月 19 日，在韩国首尔新国家党党部，朴槿惠向前来聚集的支持者们挥手表示感谢。根据韩国媒体的报道，在第 18 届总统选举中，朴槿惠以 51. 6%的支持率赢得此次选举的胜利。自 1987 年开始实行总统民选制度后，朴槿惠是首位以超过半数的支持率当选总统的候选人。19 日早晨，朴槿惠观看了此次投票选举情况的直播。在当地晚上 11 点左右，她走出家门，与外面等待的近 2000 多名的支持者见面。

面对上千位支持者，朴槿惠在世宗大王铜像前发表了获选感言。她说：“此次竞选的胜利，不仅仅是我个人的胜利，更是国民的胜利。是各位支持者克服危机、振兴经济的信心带来的胜利。”演讲过程中，朴槿惠还向支持者们做出了承诺——恪守诺言，带领国民实现经济的腾飞，共享幸福生活。

在人力资源管理领域，有一个著名的木通理论。一只木桶能装多少水，不是取决于最高的那块板子，而是取决于最低的板子。显然，做任何事情都是多种力量、多个主体协同作用的结果。因此，加强团队的凝聚力与合作精神，变得异常重要。

一个人单打独斗是不现实的，女性朋友要学会与其他伙伴加强合作，才能实现远大的发展目标。学会与他人合作，增强自己的团队精神，是顺利开展工作的需要，也是取得成绩的保证。当然，许多合作伙伴无法令你满意。对此，你必须包容大家，并在完成合作后表达感谢。

每个人都处在特定的社会环境中，与各种各样的人交往，形成特定的关系网络——亲人、朋友、同学、同事、合作伙伴，等等。这些人是我们物质或精神上的助手，并在关键时刻扮演着社会支持的角色。

许多事情注定无法一个人解决，如果无法获得外界支持，会显得力不从心，劳心劳神。当你陷入焦虑的时候，不妨向周围的人寻求帮助，这样肩上的重担自然会减轻许多。

家人和朋友永远是你的坚强后盾，除了一起分享快乐，他们也能帮忙分担痛苦。有了精神交流的对象，遇到麻烦的时候自然可以有倾诉的窗口，也能从中得到中肯的建议。请牢记，你不是一个人孤独地活在世上，外界的社会支持能帮你摆脱内心的焦虑情绪。

许多时候，与其用不断取得成就来满足自我，不如启动我们的“社会支持系统”，从良好的人际关系中获得温暖、爱、归属和安全感，这样即使平凡地度过一生，也可以获得最大的幸福。

你的对手，更是你的老师

一场体育比赛，因为有了竞争对手的存在，才会显得更加激动人心。试想一下，如果人生失去了竞争对手，那么整个奋斗、竞争的过程也就少了很多乐趣，甚至成功也变得毫无意义。

面对竞争对手，把它当作一面镜子，以开放的心态接受别人的经验，才能有发展和进步，进而获得成功。朴槿惠就是这样一个不平凡的女人，既以开阔的胸襟包容苦难，也把对手当做进步的阶梯。

对朴槿惠来说，平生最大的敌人莫过于李明博。2012 年 9 月 2 日，她以执政党新国家党总统候选人的身份，与时任韩国总统李明博在青瓦台总统府共进晚餐。在餐桌上，双方就韩国目前的安全、经济问题交换了看法。李明博向朴槿惠询问了走访台风灾区的情况，朴槿惠则向李明博询问下一阶段对俄罗斯等地区的访问情况。

这是双方近 9 个月以来的首次单独会面。两个人都是新国家党成员，却因为 2007 年的总统竞选而发生激烈争执，此后李明博就任总统，双方的矛盾越积越深。通过会面，双方消除了隔阂。

在外界看来，这很可能是一次“互利共赢”的会面。当时，李明博正面临极为严峻的国内问题，暴力犯罪率日益增加，与日本外交关系不断紧张。为了应对反对党的责难，他需要获得执政党和执政党总统候选人的大力支持。

对朴槿惠来说，这次会面也是意义重大。如果李明博在任期内没有造成太大麻烦，反对党的“火力”会不断减弱。如果此时两人继续针锋相对，一定会两败俱伤，让反对党占了渔翁之利。

2012 年 12 月 19 日，朴槿惠成功当选韩国总统。12 月 24 日，李明博在电台发表讲话称:“将竭尽所能，为新任政府提供一切帮助，顺利完成交接，保证新政府出色应对挑战，处理危机。”

对手之间的竞争既是一场能力上的互相切磋，也是价值上的成就。所谓“英雄成就英雄”，与竞争对手的较量并非只有针锋相对，还有关键时刻的默契。把竞争对手当作一面镜子，在对方毫不留情的进攻中发现自己的缺点，进而改正缺点，就可以达到完善自我的目的。

如何看待身边的竞争对手，考验着一个人的智慧。竞争对手，可以是工作上的，也可以是情感上的。不可否认，它给我们带来了竞争压力，于是有人对其恨之入骨。显然，你死我活的零和游戏并不好玩，搞不好就会两败俱伤。

其实，最明智的做法是把竞争对手当作一面镜子，采取一分为二的心态对待，既欣赏对方的优势，又能认识到对方的不足，然后用自己的优势和对方的弱势竞争。女人的智力、胸怀不输于男性，因此面对外界的对手，不妨接纳，甚至称之为“老师”，学习对方的优势和可取之处。

对一个人来说，竞争对手的存在是不可缺少的，它是一个推动器：迫使你进步，因为他出的招术就是怎样去战胜你。如果你不想被打败，就应想出合理的招术去应对，从而不断提高自己。此外，有了竞争对手，你才能保持谦逊的态度，时刻提醒自己，无论取得多大的进步或成功，千万不要自满、骄傲。

知己知彼，方能百战百胜。把竞争对手当做老师，充分了解对方的虚实，然后根据双方力量的对比寻求最佳切入点，就容易在竞争中夺取胜利。清楚地知道自己在行业中处于一个什么样的位置，就要了解对方，检讨自己，做到扬其长避其短，最终在竞争中获得一席之地。

政治舞台上充满了各种挑战，比任何一个行业都更考验人的耐性和毅力。朴槿惠从重返政治舞台那一刻起，就明白前路漫漫，如果不具备广阔的胸襟注定无法远行。所以，她把对手当作老师，虚心向他们学习，包容他们的责难。渐渐地，朴槿惠在对手的砥砺下变得坚不可摧，一步步朝着更高的理想迈进。

苏格兰著名历史学家卡莱尔说："一个伟大的人，以他待小人物的方式，来表达他的伟大。"宽容是一种修养，是一种人人都需要的气度。生活中，总会有一些意想不到的情况发生，宽容就是面对各种磨难的时候应有的一种潇洒。

树立竞争意识，倡导公平竞争，已是时代潮流。女人在竞争中找到自己的位置和舞台，最重要的是带着微笑加入战斗。"渡尽劫波兄弟在，相逢一笑泯恩仇。"每个女性都应该具备这种消除怨恨的广阔胸怀，在关键时刻不被私人恩怨阻挡前进的步伐。

宽恕敌人，把怨恨留在身后

与人相处难免会产生各种摩擦和隔阂。对内心狭隘的人来说，这种摩擦会滋生仇恨的种子，让阳光心理变得阴暗。内心充满了仇恨，人生也就失去了光彩。尝试着宽恕敌人吧，把他们变作朋友，你的生命会变得与众不同。

2002年，朴槿惠以公益组织理事的身份前往朝鲜进行访问。曾经，母亲陆英修死于朝鲜刺客的枪口之下，朴槿惠对这段痛苦的经历永远无法忘记。此时来到朝鲜，如果不是为了国家的利益，换做是谁都不愿面对。

在朝鲜的宾馆会议室里，朴槿惠与金正日进行了秘密会谈。金正日开口就提到了朴槿惠不愿面对的往事，对陆英修女士的不幸逝世深表歉意："当时的极端主义者做了错事，我深表遗憾。"

对此，朴槿惠说："只有南北双方加强交流，互相配合，不使用武力，自然会走向和平统一的道路。"接着，她提出了建立十三个家属会面所、寻找朝鲜战争中失踪者的下落等建议，均获得朝鲜方面的肯定答复。

多年来，朝韩双方的关系一度达到冰点，此次朴槿惠的主动到访显得诚意十足，有助于开启韩国和朝鲜的新局面。朴槿惠认为，朝韩关系事关东北亚地区的和平，此番到访有助于化敌为友，是一个明智之举。

在国家利益面前，朴槿惠没有考虑个人的恩怨和利益，以一个政治家智慧谋划大局，为了双边的和平与合作倾尽心力。她将个人痛苦压在心底，这份坚韧与宽容令人感动。这正是朴槿惠的伟大之处，她以自己的行动向世人证明，作为一个女性领导人，自己是有实力和能力的。

有人说女人是感性的动物，很容易被自己的情绪左右。而朴槿惠是个例外，她内心清明，知进知退，优雅从容。她顾全大局，权衡利弊，懂得何时得进，知道何时退。她不会因为得到个人利益沾沾自喜，也不会因为艰难困苦而放弃坚持。她是一个有胸怀、识大体的女人。

“若争小可，便失大道”，一个人如果一味地争夺个人的小利，就会损害全局的利益，是违反道德标准的。这提醒我们，做人要顾全大局，要有全局意识。

国学大师翟鸿燊说：“一个心胸狭隘的人，讲不出大格局的话；一个没有使命感的人，讲不出有责任的话；一个境界低的人，讲不出高层次的话。”朴槿惠是一个有大格局的人，访问朝鲜显示了她忠心报国的气度。

有格局的女人磊落坦荡，具备无私无畏和志存高远的品格。她们不为一时之利争高下，不为眼前小事论短长。生活中，她们宠辱不惊，笑看庭前花开花落；遇到麻烦，她们能够处变不惊，妥善应对各种挑战。

面对敌人，朴槿惠一直坚持“用宽恕消除仇恨，用和解终结独裁”的理念。先后失去了人生的挚爱，她本应充满了仇恨。但是，她却以宽容的态度原谅了这一切，全力投身到父母未完的事业中去。所谓宽容别人就是宽容自己，既给别人一条生路，也给自己留了后路。在宽容别人的时候，就像是在黑夜里点起了一盏灯，既照亮别人的路，又能避免自己遇到艰险。别人的路走好了，自己也就远离了危险。

在这个世界上，人与人之间因为偏狭、自私，无法容忍外界的某些东西，不知发生了多少悲剧和灾难，恐怕大文豪也不能描写其中的万分之一。一个人少了一颗宽容的心，不能容忍异于自己的东西存在，其实是一种愚昧，是野蛮人和暴徒的所为。

法国有句俗语："能够了解一切事物，便能宽恕一切事物。"因此，我们只有先了解世间的万物，并尊重客观存在的差异性，才能在心理上成熟起来，成为一个真正的文明人。

宽容别人，尽弃前嫌是一种美德。所谓"仁者无敌"，懂得宽恕的人无往不利。健康的人能把仇恨化解成宽容，聪明的人能把敌人转化为朋友。经验表明，小肚鸡肠、尖酸刻薄的女人只见树木不见森林，把自己局限在一个狭小的舞台上。她们不顾一切地去争取个人利益，最后牺牲的也是人生的全部。

被他人伤害，刚开始会伤心，后来可能会愤怒，严重的时候会产生怨恨情绪。然而，心怀怨愤无助于解决眼前的事态，甚至会降低你的智商。原谅他人的无知，感谢他们给你的动力，你就是一个真正有智慧的人。

事实上，仇恨情绪不过是增长了对方的嚣张气焰，而你会因此茶饭不思，身体和心情被搞得一团糟。报复一个伤害过你的人，并不会给你带来多大的幸福，只会让你更加疲惫。而感谢伤害过你的人，则会让你从内到外体会到快乐的真谛。

宽容是一种境界，一种风格。它是春风，所到之处鲜花盛开；它是阳光，亲切，明亮、带给人间无数温暖。谁能拒绝阳光呢？对每个人来说，如果在日常生活中不具备包容的胸襟，不但会伤害到他人，也会给自己带来伤害。

每个女人都要明白，紧握拳头，抓住的只是空气；伸开五指，触摸到的将是整个世界。有时候，事情发生了，已无法挽回，再去埋怨也于事无补。与其内心纠结于此，倒不如洒脱地将其忘记。明确目标，大步往前走，让乐观包容的生活态度充实你的人生吧！

第十一辑

淡定优雅：无论何时都要做一个恬静的女子

“不管世事如何变化，不管我们深陷何种境地，我们唯一能做的事情，就是加强内心的修养，学会做人的道理，并通过身心来践行。只有这样我们才能到达人生的终点。”

温如润玉，坚如磐石

每个女孩儿都想拥有幸福人生，虽然每个人的目标不一样，但梦想成真离不开强大的内心。倘若心灵脆弱，遇到一点儿困难就被击退，又怎能拥有淡定从容的生活呢?

无数人在思考一个问题，朴槿惠为什么能当上韩国总统?显然，与她身上流露出的温润如玉、坚如磐石般的气质有关。

自古以来，女人似乎是天生的弱者，既没有男人宽厚坚实的身躯，更没有男人坚定冷静的思维。难道甘愿做一个平庸肤浅的人吗?答案当然是否定的，朴槿惠曾经说过:“很多人认为女性处理危机的能力弱，我认为要克服这个偏见，我的一生都在克服危机。”

其实从实际生活来看，女性由于具有细腻、温和的性格，虽然在处理危机时表现不同于男性，但处事能力却绝对不逊于男人。女性要学会利用这份感性，在生活中寻找机会，创造成功。如果说男人的力量来自对权力的追求和与生俱来的强大，那么女人的力量则来自于心中那份优雅和淡定。

生活中，有的女人追逐外在的魅力，有的女人则借助女性的特质创造属于自己的王国。她们勤奋好学，喜欢博览群书，喜欢周游世界，喜欢同世界各地的人交谈。她们一直都在追逐内心的梦想，努力修炼优雅的气质，通过努力获得了同男性一样的成功。尽管岁月让容颜老去，青春越走越远，但是她们心中的优雅却永存，散发出无穷的魅力，令人折服。

历史上的女性领导者不多，但朴槿惠让世人印象深刻。她让我们明白一个道理，女人同样有能力用内心的力量征服这个世界。

很多人无法承受朴槿惠遭受的苦难，她们的人生不过是在柴米油盐中自寻烦恼，或是事业不顺，或是身体疼痛，或是感情失败……这些不值一提的苦难也能让她们灰心丧气。想想朴槿惠的人生经历，冷静之后忘记生活中的不愉快，努力处理好那些琐碎的事，别让它们破坏你的心情。

一个女人要为心中的梦想负责，要懂得坚持和努力。有时候，坚持做某件事并不困难，每天阅读，每天写作，每天锻炼……朴槿惠凭借这种顽强执着的精神，在隐忍中苦苦磨练自己，才拥有了强大的内心，以及温润如玉的气质。

温润如玉却坚如磐石，用这句话来形容朴槿惠一点不为过。至刚至柔，一脉相通，一个最温柔的女人也一定拥有最强大的力量。始终守住心中那段柔情，坚持心中的梦想，你就能成为最有力量的人。

女人真正的优雅来自内心深处自然散发出来的气质，是充实、善良、质朴的内心世界付诸于外的真实表现，是自信的体现，绝没有任何伪造的痕迹。内心静好源于受过良好的教育，有过美好品质的培养和训练，还在于经受了种种磨难后不忘初心，始终保持那份淡定。

显然，优雅气质无法伪装出来，更不能通过临时的练习就能学会，唯有通过经年累月的熏陶和修炼才能自然流露出来。从某种程度上说，它是一种良好心境的养成与塑造。

今天，纷繁复杂的世界有许多诱惑，让人难以自持。人们在种种压力面前，也容易乱了分寸，变得急功近利。面对世事的无常，也会放弃梦想，为了眼前的苟且选择捷径。内心不够强大，一切都会倒塌。因此，练就优雅的气质和魅力，首先要有一份执着。

即使面对苦难和失败，依然能够微笑，在暴风雨的洗礼之后能够内心平静，在迷茫困惑时依然不放弃自己的梦想，那么你就能散发出温润如玉的气质。在这方面，朴槿惠成为天下女人的榜样，她面对任何困难都不退缩，甚至是危及到自己的生命依然能够稳如泰山，让身边的男人都自愧不如；她勇于坚持梦想，敢于挑战任何困难，时时刻刻为了大韩民族的发展贡献自己的力量。

像朴槿惠那样，做个内心强大的女人，无论遭遇多么悲惨的际遇，都能够勇敢接受挑战，那么你的人生就会璀璨繁华。在从政生涯中，朴槿惠以亲身经历告诉我们如何拥有强大的内心。

首先，生活中要多一点包容，少一些狭隘。面对不幸的遭遇，朴槿惠总是能够以一颗包容的心去接受，而后默默走出低谷。凭借这一点，她赢得了世人的爱戴。

其次，遇事多一些微笑，少一些抱怨。工作不顺利，朴槿惠没有抱怨，而是寻找解决问题的办法，微笑面对。心态好，做事情就会很顺利，自然效率高。

成为优雅的女人，培养优雅的气质，必须培养积极乐观的心态，拥有强大的心灵。一个女人在心理上成熟稳健，不可战胜，自然会绽放优雅的气质与光芒。

巧妙利用自己的身份优势

在以男性为主导的政治生态中，鲜有女性领导者的身影出现。但是，自从英国的撒切尔夫人和德国的默克尔走向政治舞台，政界的风向标开始发生变化。

撒切尔夫人以不屈不挠的意志和外交手段，在世界政治舞台上大显身手；德国总理默克尔则以其温和的性格，发挥了女性特有的忍耐力，取得了卓越的政治成就。韩国总统朴槿惠上任后，同样吸引了世界的目光。

尽管这个世界发生了天翻地覆的变化，但是很多人依然对女性抱有偏见，认为她们处理危机时会变得手足无措，做出错误的决定。显然，这种看法有失偏颇，其实女性也能在关键时刻表现出沉着、冷静的行事能力。

朴槿惠认为，一个政治人物的力量绝不是依靠强硬的行事风格和粗犷的外表来实现，而要依靠国民的信任。

回顾朴槿惠的从政经历，不难发现她在许多社会活动中都展现出了卓越的领导能力。与男性领导者身上的强硬、威严风格不同，朴槿惠身上体现出的更多是一股充满魅力的母性气息。它具有母亲般的温暖和慈爱，让人心生温暖，倍感亲切。因此，有人把朴槿惠的政治风格称为“母性政治”。

顾名思义，“母性政治”是用母亲般的慈爱来展示领导力。生活中，母亲总是以平等的心态对待子女，无论子女的个人天赋相差多少，无论是美是丑，她们都不会产生偏袒之心，不会嫌弃。因此，朴槿惠的“母性政治”运用到实践中去，取得了意想不到的效果。

朴槿惠从来不要求别人去做什么，总是依靠自己的特殊魅力和品质主动吸引他人追随，依靠温和的领导力带领大家前进。结果，她很快以鲜明的施政风格得到了韩国民众的拥戴。

1999年，美国管理学家德鲁克在《哈佛商业评论》中发表了这样一个观点：对于一个集体，需要克服的是“短板定理”；而对于个人，发挥自己的长处，比努力补齐短板更为重要。朴槿惠身为一名女性领导者，构成了一个矛盾的混合体；但是，她善于挖掘女性领导人的政治优势，在职业生涯中多了一份从容。

朴槿惠对国家政治的理解，有许多个性化的观点。她认为，男性领导者的优势在于能够以威严的态度、强硬的手段让人信服，这对于动乱不堪的社会有巨大的优势，但是长时间接触下来却令人反感。在和平年代，人们更喜欢温和的领导方式，因此女性就占据了优势。

女性以其温柔和缓的领导力给民众带来源源不断的温暖，让民众在被领导的时候也能产生亲切感。这一点，恰恰是男性领导者不具备的。

就任总统以后，朴槿惠从来没滥用过自己的权威和命令，她更喜欢采用平等的身份进行游说，注重感情上的贴近。比起个人的荣华富贵，她更注重民众的幸福；相比制造矛盾，滋生麻烦，她更喜欢化解危机，调解矛盾；相比分裂对峙，她更喜欢和平相处。总之，在朴槿惠的政治观念里，我们看到的都是以趋利避害为主的理念，向往和平、安定、幸福的生活。

“尺有所短，寸有所长”，一个人只要善于经营自己的长处，扬长避短，就能找到用武之地，充分施展个人才华。每个人都有自己的长处，都有过人之处，有属于自己的特质和特长，只有善加利用自己的优势，才能事半功倍。朴槿惠说，女人要正视自己的缺点和不足，给自己一个正确的定位，把握和信任自己的特长，做到扬长避短，形成竞争优势。

一个小女孩从小喜欢跳芭蕾，然而在一次训练中颈部受伤，再也无法恢复正常。芭蕾梦破碎了，但是小女孩没有自暴自弃，她及时调整心态，巧妙地将其短化为长，开始学习小提琴。

若干年后同学聚会，令大家没有想到的是，她已经成为著名乐团里的第一小提琴手。以歪脖的姿势拉小提琴，不再是一种缺陷，俨然成为一种震撼心灵的美丽，一道迷人的风景线。

不让缺陷影响心情，接受不完美的自己，这是每个人应有的生活智慧。女人可以不完美，但一定要善于发现自己的优势，弥补自身的不足。发现自己的与众不同，挖掘自身的潜能，在不断进步中超越自己，自然也能在竞争中占据优势。

自信的女人最美丽，因为她们能够看到自己独一无二的特性，并充分展示这种优势，成为一道最亮丽的风景。

学会倾听，学会强大

“雄辩是银，倾听是金”，这句话在西方国家流传甚广，它提醒人们要少说话，学会倾听别人发言。倾听，不仅是出于尊重的需要，也是对他人无声的赞美。

在社交场合，那些滔滔不绝的女人让人避之不及，而善于倾听的女人成为最受欢迎的对象。也许你并没有说上几句话，却会因为耐心静听赢得信任。做一个善解人意的女人，要学会倾听。

小时候，朴槿惠说话不多，有着超越常人的冷静和沉稳。由于与同龄的孩子格格不入，甚至被人冠以“冰公主”的称号。朴槿惠的确是一个安静恬淡的女人，懂得认真倾听别人说话，嘴边永远挂着优雅的微笑。

朴槿惠是个听话的孩子，从少女时代就开始倾听来自国民的声音，来自国家的声音，倾听那原本不属于自己这个年纪应该承受的沉重，倾听关于父母亲的一切声音。也正是从那个时候开始，朴槿惠懂得了倾听的意义。

而从踏入政治舞台的第一天起，朴槿惠就注定要成为一个不喧哗、不吵闹的政治人物。除了在重要场合发表演讲外，她永远做出微笑倾听的模样，也正是凭借这样的美好恬静，远离了许多不必要的麻烦，也让韩国民众感受到了十足的信任和温暖。

身为最高领导人，朴槿惠代表了大韩民国的国家形象，因此必须时刻保持内心的冷静和清醒。她深知自己责任重大，多年来一直坚持不断加强修养，学会倾听来自各界的声音，特别是底层民众的心声。曾经有人批评她，出身富贵，难以体会民间疾苦。但朴槿惠以实际行动证明，这是一个错误的批评。

从不谙世事的少女到韩国的最高领导人，她在倾听中读懂了人心，摸透了人们的心理诉求，也清楚了自己该说什么，需要做什么。

不懂得倾听的价值，怎能体察他人的痛苦和难处；一个不善于倾听的人，心里怎能装得下别人，更不用说整个国家和民族了。朴槿惠把国民的幸福当成自己的人生目标，在不断努力和奋斗中为国民带来幸福，离不开她广泛听取各界心声的坚持和努力。

社会经济飞速发展，人际关系、生活资讯庞杂而凌乱，人们深陷其中，渐渐失去了理性思考的能力，也不再有耐心倾听他人谈话。与人交往时，有的人不能认真倾听别人的话语，急忙发表意见。这不仅无助于增进彼此信任关系，也暴露了你缺乏耐心和教养的一面。

脾气急躁，不能平心静气地听别人把话说完，反而常常充当“演讲者”的角色。这样的人无法替别人排忧解难，反而会为对方增加烦恼。

朴槿惠深受中国哲学的影响，养成了谦和、优雅的个性。她认为，一个女人需要拥有高尚的品德、高雅的气质，学会不争不抢，不吵不闹。而这一切，都要从学会倾听开始。

众所周知，优美的谈吐并不在于你能说得多么天花乱坠。许多时候，无声胜有声，做一个安静的倾听者，也能让人亲近和喜爱。谈话中，只谈自己的人，通常只想到自己，还没等他说完，听者早已不耐烦，想要远离。

如果你想成为一个“谈话高手”，让众人亲近你，必须首先成为一个能专心倾听的人。保持风趣的谈吐，对事物持有一定的兴趣，是获取他人好感的基础。询问对方喜欢谈论的话题，鼓励他们多谈自己及以往的成就，都会令人非常受用。

记住，你的谈话对象对自己的兴趣要多过对你的兴趣。自己的一颗坏牙，也比战争中百万人的姓名更重要；自己身上的暗疮，也比大地震更能引起注意。下次谈话时，不妨做一个沉稳的听众，少谈论自己，多鼓励对方说出内心的话，那么你就容易博得对方好感，拉近彼此心与心的距离。

倾听不仅是听别人诉说心里话，还要善于听取他人的意见和建议。首先，听别人谈话要有耐心，有的人脾气急躁，听到一半就不愿意再听下去，这样会令人不悦。其次，分辨哪些是正确的言论，并记在心里，同时不能打断别人谈话。最后，倾听的时候要分析话语背后的意思，从而获得丰富的信息。

正是由于善于倾听，朴槿惠读懂了他人的心灵，读懂了国家的人心所向，进而造福于国家和人民，成为韩国不可多得的优秀领导人。如果你想让大家竖起耳朵听你讲话，首先你要成为一名合格的倾听者。

会沟通的人才能畅行无阻

与人面对面沟通，既让对方如沐春风，又充分展示应有的自信、勇气，极大地释放个人魅力，并不是一件难事。朴槿惠熟练掌握与人沟通的技巧，以此成就了事业和生活，绽放出靓丽的光彩，她的经验值得学习和借鉴。

2013年，朴槿惠来到清华大学，做了题为“韩中心信之旅，共创新20年”的主题演讲，在20多分钟的时间里，她首先用汉语作了近3分钟的开场白和半分钟的结束语。

朴槿惠用中国人倍感亲切的汉语谈及两国的文化和梦想，谈到了朝鲜半岛和东北亚的未来，还以亲身经历鼓舞在场的年轻人。整场演讲气氛热烈，现场观众致以最热烈的掌声。整个演讲过程里，朴槿惠对中国的典故信手拈来，运用得十分妥帖恰当。

没有人能够想到，一位韩国总统能够把汉语讲得如此流利，让人觉得面前仿佛是一个地地道道的中国人。没有语言的隔阂，没有地域的差异，只有如沐春风般的畅快感觉，这样的沟通自然效果极佳。

在演讲中，朴槿惠多次提到中国文化。她说，很多韩国国民在小时候就熟读中国的历史故事，自己也曾熟读过许多经典古籍。朴槿惠还谈及自己去苏州体验“上有天堂，下有苏杭”，并真切地说道：“我认为文化是互通的，只有通过文化形成共鸣，才能真正拉近心与心的距离。”

在演讲的最后，朴槿惠用熟练的汉语说："就像是两条江最终汇入同一片大海一般，中国梦与韩国梦在本质上是一样的，是要结为一体的。希望在今后中韩两国的年轻人能够在文化层面上多多沟通，使两国的关系得到进一步的发展，祝愿各位前途光明。"

借用巧妙的比喻，朴槿惠将韩国梦和中国梦紧密相连，期望中韩两国能够携手并进，实现新东北亚的梦想。这种熟稔的谈话技巧，以及对听众心理的拿捏，实在令人赞叹。

出色的口才技巧与沟通能力，是政治人物的基本技能。多年来，朴槿惠不断提升沟通能力，演说水准进步很大。毕竟作为一个国家的领导人，在工作中要与部下、国民进行沟通，还需要在外交场合与其他国家的领导人交流。虽然朴槿惠说话少，但并不代表她不懂沟通的重要性。为了取得良好的沟通效果，朴槿惠认真学习外语，并总结各种谈话技巧，从而在外交活动中具备了沟通优势。

在现代社会，沟通是最常见的交际行为，缺乏沟通能力的人难以与他人建立紧密的合作关系。然而你需要牢记一个事实，这个世界上并没有所谓的天生演说家，那些口才出众的人都是经历过最初的恐惧和窘迫，而后不断历练才蜕变成现在的样子。

人类最大的优势在于识别差异的能力，人类的最大劣势在于拒绝差异的偏狭。如果你想实现完美沟通，应该首先从称赞与真诚地欣赏开始，并想办法弥合你们的分歧，在心理鸿沟之间搭建一把天梯。

从赞美开始沟通，你们的交谈会变得更顺利。用赞美的方式开始一段对话，就好像牙科医生用麻醉剂一样，虽然病人仍然要忍受钻牙的痛苦，但是这样做却能消除钻牙的剧痛，大大缓解病人求医时的心理障碍。无论在日常生活中，还是工作的时候，你都要牢记这条铁律：从赞美和真诚的欣赏入手，能迅速打开沟通的大门。

做一朵美丽的鲜花，让生活充满芳香

从某种意义上说，人生就是一场戏。喜怒哀乐、失败成功、人情冷暖就是跌宕起伏的戏剧情节。在生活中扮演各种角色，好人或恶人，伟人或小人，都由自己而定。对女人来说，不妨做一朵美丽的鲜花，让生活充满芬芳，少一点污浊。

每时每刻都有出其不意的事情发生，你永远无法预知下一秒谁会出场，生活就是这么奇妙。当潜伏的危机突然向我们发起进攻，当幸福的生活被突如其来的灾祸打破，我们该如何应付？面对生活的猝不及防，女人要学会从容，学会淡定，不必惊慌。

朴槿惠曾经说过，生活中的灾难就如同潘多拉的盒子。我们总是希望人生能够多一些安逸和舒适，但是这样的愿望却很少实现。与其在臆想中变得麻木，不如让内心变得更强大，习惯用积极的心态面对眼前的失落。

无论面对什么事情，朴槿惠都始终保持着微笑，她的内心是平静的。人生犹如苦海，不经历一番困难和痛苦，不能到达幸福的彼岸。让心灵归于平静，必须看透一切，懂得包容一切。

韩国有句俗语，“自己的幸运取决于自己的品性”。一个拥有大智慧的人，能够在众多困难险阻面前看得开，想得透。朴槿惠对这句话有独到的见解。她认为，一个人幸运与否和这个人的智慧息息相关。坚持做人的道理，对外界保持友善的态度，才是一个人应有的姿态。

获得内心平和的有效方法是问心无愧，任何时候都在良心上过得去。这样一来，整个人内心始终有一口正气，支撑着她做一个堂堂正正的人。心里没有包藏着嫉妒、自私，坚持做好自己的本分，这个人就能时刻把微笑挂在脸上，带给人温暖。

朴槿惠是一名女强人，更是现代女性学习的榜样，其跌宕起伏的一生有着丰富的教育意义。一个强大的女性要像朴槿惠一样无畏、自信，面对生活的风风雨雨总能以淡然的态度面对。生活中的各种灾难和挑战不过是滋养我们变得更强大的土壤，在这块肥沃的土地上，努力汲取养分，开出灿烂的花朵，生活就会充满芳香。

在我们身边，许多人抱怨工作压力大、生活不如意，尽管他们的遭遇千差万别，年龄也各不相同，但是可以断定，他们的烦恼都源于心理问题。当内心失去了平衡，变得脆弱不堪时，外界的任何风吹草动都可能把人压垮。

人生不如意之事十有八九，所谓“心想事成”不过是对生活的美好祝愿。遇到一些不顺心的麻烦事，应该怎样解决呢？有的人会把每一件不如意的小事堆积在心里、挂在嘴上，而后不停地抱怨，搞得自己心情很差、情绪很糟。精神状态不佳，不但自己烦躁不堪，身边的人也不得安宁，一系列连锁反应让我们的世界变得杂乱无章。

有时候，生活中发生了磨难，并不代表你无法再拥有幸福。其实，所有的麻烦都可以归结为心理问题。你认为它是麻烦，它就是难以解决的麻烦；你认为它不值一提，它就无法影响你的生活。有智慧的人遇到任何事情时都能气定神闲，找到应对之策，首先在于他们有一颗强大的心灵。

试着换一种思维，换一个角度，用另一种方法思考问题，结果会大不同。如果你想改变这个世界，首先要改变自己。如果你的心理是正确的，你的世界也会是正确的。当我们用积极的态度看世界看生活的时候，许多问题会迎刃而解。

“故君子恭而不难，敬而不巩，贫穷而不约，富贵而不骄，并遇变态而不穷，审之礼也。”这句话是对朴槿惠一生奋斗历程的真实写照，她内心的谦卑并非胆怯，她的温柔并非软弱。在韩国民众心中，她是一个有大智慧的人，在千锤百炼中让心灵变得淡定从容。

生活应该是什么样子的？为什么你总是不快乐？其实，心情的颜色就是生活应有的色彩。如果心情是灰色的，生活不会阳光明媚。一个人只有让内心开满鲜花，她的世界才会是幸福的。

如果你还在抱怨不快乐、不幸运，自己不被人理解，那么首先要调节一下心情。当你变得积极乐观了，你看到的世界一定不再是灰暗的。正所谓心境决定心情，主动调节心理才会有快乐的人生体验。

美丽大方的女人最有气质

作为女人，美丽是你的资本。不管你是否被学业压得喘不过气，还是正在为工作忙得焦头烂额，都不应该灰头土脸，或者不加修饰地出现在公众视野中。对容貌不负责任，是对他人的不尊重，也是对自己的轻慢。不尊重自己的人，又怎能得到他人的敬重呢?

对美的追求，是女人一生的功课。渴望拥有美丽的外表，不老的容颜，为此精心护理和调养，不惜花费巨资。这是人之常情。然而，在光鲜的外表背后，女人的心灵、修养同样重要，它们也是提升女性气质的重要方法。

一生屡遭磨难，似乎应该与灰头土脸、萎靡不振联系在一起。然而，在朴槿惠身上看不到这一点。不管生活过得多么艰难，她总是将自己最优雅的一面展现出来，永远保持最美丽的一面。

多年来，朴槿惠一直在不断学习，持续提升内在修养。早年结束隐居生活之后，她以一个全新的面貌重回人们的视野，结果眼前不是一个饱受命运摧残、形容枯槁的中年妇女，而是一个举手投足之间都充满优雅气质的自信女人。

时间没有将朴槿惠打扮成失意者，而是在她身上沉淀出完美的气质，整个人变得更精致，也更有魅力。透过美丽的容颜，我们看到的是这个传奇女人淡定的心灵，以及洞察一切苦难的胸襟。

朴槿惠曾经这样描绘女性的美丽："过着简单朴实的生活，因为奢侈的生活会让你逐渐丧失自己，沦为财富的奴隶。简朴的生活才能让人感叹财富的珍贵，才不会随意挥霍，让人懂得珍惜。珠宝首饰并不是必备品，如果有可以稍加点缀，为自己增添光彩，如果没有也不必紧张，因为真正让女人美丽的应该是你坦率的语言、得体的举止以及善良的内心。"

在朴槿惠看来，简单不奢华、平凡但不平庸便是美。这样的人能够为简单的生活增添一抹阳光，能够在朋友低落时给予安慰。她们不求生活大富大贵，只求生活简单快乐，是明媚且恬静的女子。

生活中，很多女人只顾打扮自己的外表，画上精致的妆容，穿上昂贵的衣服，这的确很美，却远远不是美丽的全部。美丽的女人不仅外表光彩照人，内心也充实丰盈。显然，一个拥有独特魅力的女人，内在的修为和气质最重要。

女性最令人动容的美丽，应该是拥有善解人意的内心和真诚的笑容，举手投足之间散发出优雅的气质。

作为韩国的首位女总统，朴槿惠无疑是一位内外兼修的女性。她外表端庄大气，不论何时何地，不论经历多少艰难困苦，总能够以优雅美丽的面容示人。同时，她也拥有美丽的内心，关心身边工作人员的生活状况，像母亲一样关爱着国家的每一寸土地。她能收到全体国民的拥戴，也就不难理解了。

花时间读书，献出爱心，做到与人为善，成为一个真正有内涵的女性。这样一来，你就不会因为时光流逝而变得黯淡无光，反而因为岁月的积淀更加耐人寻味。这样的女性不经意间流露出的优雅内涵更能让人折服。

女性们与其在外貌上下功夫，不如下功夫提高修养，成为一个内心美好的人。在飞速发展的今天，许多人虽然外表普通，但博学多才、恪尽职守，这样的人广受欢迎。她们拥有善良和美好的内心，为了国家和世界的发展贡献着自己的力量，这样的人才是社会不可或缺的，因此受到世人的尊重和敬仰。

做拥有完美人品的女人

小事知人品，大事知能力。今天，一个人拥有完美的人品比能力超群更重要。但是，很多人只注重能力的培养，而忽视了人品的修炼，结果最终吃了大亏。

人品是个人能力的前提和基础，一个人品质不好，做事会拖拖拉拉，既不清楚职责所在，更不会在专业领域内有所建树。这样的人表面上看似很努力，往往是手忙脚乱，许多时候做的是无用功。

朴槿惠一直有一个心愿，那就是拥有完美的人品。她曾在日记中写道:“花香不是鲜花故意炫耀才散发出来的，拥有醉人的芬芳是鲜花的本质，因为有了风，花香才能飘散各处，有人经过，便闻到了花香。对于拥有高尚品格的人来说，他们纯净、透彻的人品便是最大的财富。”

作为一个普通的女人，朴槿惠希望成为一个拥有纯洁、高尚心灵的人。在她看来，一个人即使坐拥万千财富，富可敌国，如果人品低劣，不懂得乐善好施，那么这样的人是可悲的。如果在荣华富贵和美丽心灵当中做一个选择，朴槿惠会毫不犹豫地选择后者。

显然，这种对完美品性的追求离不开家庭教育。父母是孩子第一位老师，也是对孩子影响最深远的人。早年，由于父亲忙于政事经常不在家，朴槿惠更多地受到母亲陆英修言传身教的影响。母亲出身于朝鲜王朝的一个地主家庭，虽然出身富贵，却表现出和善的一面，生活中能够与百姓打成一片。

陆英修不仅严格要求孩子，对自己的要求也很严苛。她从来不在国外购物，巡防回来也不会给孩子们带回礼物。她唯一的爱好就是搜集各国的汤匙，因此出访回来的行李顶多是多了几把餐具。这种清廉、正直的作风深深影响到了朴槿惠。

朴槿惠之所以如此成功，不仅因为有高超的执政能力，更在于她拥有崇高的人品。再次走上从政之路以后，她给自己定下的第一条原则就是洁身自好，不能在政坛上随波逐流，要保持清正廉洁的作风。她在日记中写下了这样的话："追求小利往往会带来大害。"

显然，清正廉洁的家世和洁身自好的作风是一项优势，帮助朴槿惠在政坛上获得了良好的声望。从父辈那里继承下来的清廉品行使她在政界有一个好名声，在第18届总统大选中，媒体的长枪短炮将各位候选人的家长里短360度曝光，无论怎样穷追猛打，朴槿惠是唯一没有跟任何贪腐事件有瓜葛的候选人。

今天，人们经受着太多诱惑，无时无刻不考验着人的内心。许多女人对自己放低要求，迷失了自我，让人生变得黯淡无光。完美的人品是女性的生命底色，也是在工作、婚恋中走向成功的一枚勋章。

朴槿惠曾说："不管在什么样的情况下，人一定要正直。如果为了得到某种东西，而不惜危害别人，终究会竹篮打水一场空。"没有好的人品，再美丽的女人也会遭到别人的鄙视，再有能力的人也会受到别人的唾弃，这样的人终将失去一切。

好人品是人生最宝贵的财富，比任何职位、能力都更有说服力。它不仅能为人带来更多的机会，更能决定一个人在未来的日子里能走多远。不管你的境遇多么卑微，好的人品总会给你加分，赢得更多尊重。相反，不管多么位高权重，差的人品会让你走到哪里都遭人鄙夷。

在日常工作、生活中修炼自己的人品，努力成为一个品德高尚的人，是新时代女性的基本要求。正所谓"勿以善小而不为，勿以恶小而为之”，品德的修炼一旦由量变引起质变，将会带给你惊喜。

人品决定态度，态度决定行为，行为决定人生。朴槿惠用自己的行动认真追求完美的人品，成为一个品德高尚的人，也在事业上取得了巨大成功。正是完美的人品成就了朴槿惠今天的一切，赢得了世界人民真诚的爱戴与尊敬，她以实际行动给当代女性树立了榜样。

每个女人都要牢记，人品在漫长的一生中有着非凡的意义。任何人，任何组织，都不会与一个品质败坏的人合作，这样的人就像危险品，随时会带来危险和麻烦。这个世界变化莫测，唯有好人品能帮你立足，并令人生大放光彩。

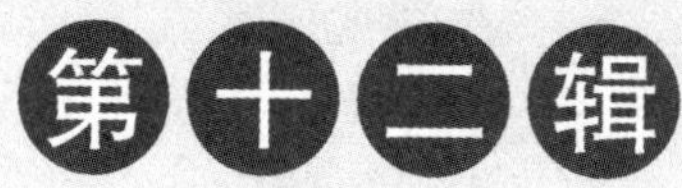

幸福哲学：关于爱情这件事

“如果把通往幸福之路用驾车来比喻的话，那么只有及时调换档位，才能确保路途中不会出现差错。真正的幸福生活并不是万事如意的，而是不管遇到什么困难，我都要坚强地挺过去并重新站起来，在逆境中成长，使逆境转祸为福，让我们获得更好的成长，飞向远方。”

每个女人都有一个初恋

初恋的滋味，如同一颗未成熟的梅子，酸酸的，又带着丝丝的甜意。每个女人都有一个初恋，那种朦胧又微妙、甜蜜又酸涩的情感体验不可复制，常常令人终身难忘。

在少女时代，朴槿惠曾对爱情有过憧憬。虽然她不是寻常百姓家的女儿，但是也有常人的七情六欲。那时候，对恋爱和爱情是懵懂的，也是美好而珍贵的。

早年，父母曾经在中国东北生活过一段时间。受到汉文化的影响，朴槿惠从小开始接受学习汉语。有一天，父亲拿了一本中国古典小说《三国演义》给朴槿惠看，她立刻被书中的英雄豪杰吸引住了。

在众多英雄中，朴槿惠对一个人十分倾心，那就是赵云。尽管朴槿惠从未正式谈过恋爱，但并不等于她对异性没有向往之情。有一次，朴槿惠谈到自己所爱的人:“仔细一想，我的初恋就是赵子龙啊！每当他登场的时候，我的心就跳得特别厉害。”

有关朴槿惠的各种文献中，似乎这是仅有的一段关于她对爱情的描述。从此之后，她的生命里就再无“爱情”二字了。朴槿惠为何偏偏对赵云倾心呢？原来，她以少女特有的敏锐感觉观察到，赵云身上有真男人的气质。

在《三国演义》里，赵云是一个才貌双全的人物，既有高强的武艺，还拥有傲人的外貌。虽然是帅哥，但赵云却不好色，美人计对他来说毫无用处。这便是女人最欣赏的一点，一个又忠义又专一的男人。

朴槿惠看人的眼光十分独到，这一点很像母亲。陆英修和朴正熙约会的时候，不只看对方的外貌，还仔细观察背影。当时，朴正熙进门弯腰脱靴子，陆英修从那个弯腰的背影得出结论，对方是一个值得信赖的人。

“一个人的相貌可以骗人，但是他的背影却无法骗人。”这是陆英修教给朴槿惠的识人经验。这真是独到的眼力，而朴槿惠显然继承了母亲的这一优点。

与许多女孩儿一样，少女时代的朴槿惠对将来的爱人有一种隐隐的期待。与其说她倾心于《三国演义》中的赵子龙，不如说心中的“白马王子”就如赵子龙一般英俊、勇敢、忠诚、专一。那时候，朴槿惠过着公主般无忧的日子，然而身份的特殊，以及接连而至的厄运让她终与爱情无缘。

朴槿惠从没谈过恋爱，对她来说，与所爱之人共度一生是奢侈的。她有自己的使命，需要拼尽一生去努力。因而，她舍弃了爱情，甘心做一个国家、为事业奉献终生的人。

每个女人都有一段初恋。大多时候，初恋的对象就站在自己身边，或是阳光下撒汗奔跑的运动健将，或是前排笑起来腼腆的男生，抑或是能让整个教室瞬间活跃起来的阳光少年……在那个年纪，他们真切地出现在你的生命中，带来终身难忘的心动。

然而，有些人却像朴槿惠一样与初恋无缘，刚勾勒出爱人的模样，爱情的火苗便被现实浇灭。于是，这份美好的记忆停留在梦里，藏在书本里，最终深埋在内心某个隐秘的地方，不时跑出来勾起甜蜜的回忆。

初恋通常是由暗恋开始的，《诗经》中就有很多描写暗恋的诗词，它们多以新奇巧妙的手法，将少女们情窦初开的爱恋以及复杂的心理活动描写得淋漓尽致。每个少女都经历过这样的情感活动，成为一生中永远无法忘怀的时刻。

爱情就像维持人体活动所需的粮食，情感世界里只有依靠它才能幸福、快乐。对女人来说，如果没有了爱，那么心灵也就像花儿一样枯萎了。心理学家高登·W·沃尔波特说：“一个普通人所能说的最正确的话，就是他从来不会觉得，他的爱或是别人给他的爱已经使他满足了。”

对许多人来说，初恋就像一杯咖啡，苦涩的思念夹杂着甜蜜的绮念，总能让人深陷其中，“为伊消得人憔悴”。然而，偏偏就是这种复杂的感觉让人欲罢不能。也正是因为如此，无论多么强大多么理智的女人，一旦真正地爱了，就会迷失方向，看不清爱的真正出路。

当然，一个人的幸福可能是大家都能看到、分享的，也可能是自己的隐私，只有在夜深人静时才能摊开来独自品味。不管是哪一种，遇见了都要珍惜，都要坦然面对。当你无法顺心如意时，不必偏执地追求，给这段情感找一个合适的安放之处，心情自然会愉悦许多。

“冰公主”不相信感情

人是一种感情动物，爱慕与憎恶的背后传递的是独特的心路历程。这世间的诸多感情，无论亲情、友情，还是爱情，都有其不稳定之处，并随着环境变化、时间推移发生变动，给人带来不同的心理体验。

向往美好与恒久的感情，是共同的期许。然而这个世界充满波折，人生也有许多不确定性，所以心灵注定品尝到酸甜苦辣等不同的滋味。这恰恰构成了丰富的人生主题，在无奈中促使人们更加珍惜当下的幸福。

1952 年出生的朴槿惠已经 60 多岁了，但是她终身未嫁。其实，读大学的时候，身边不乏追求者，但是由于身份特殊，她不得不拒绝那些表达爱意的男子。母亲在世的时候，曾经给朴槿惠张罗过婚事。但是在父亲被杀身亡后，她最终放弃了这段感情。

没有人知道朴槿惠为何要与恋人分手，只是在日记里有这样伤感的文字：“谁说感情里就没有背叛，那些曾经温柔亲切的人，以后也会变得利害关系分明。”后来又接连遭遇厄运，朴槿惠被残酷的现实抛进冷冷的冰渊里，似乎失去了爱的能力。

交织着亲人亡故伤痛和被人背叛的愤怒，强大的心理重创令她变得冷静、理智。朴槿惠渐渐地将自己的心封闭起来，再也不愿接受任何感情，更不愿相信所谓的爱情。那时，她刚刚二十多岁，爱情的种子刚刚萌芽，很快又被掩埋到泥土之下。

朴槿惠曾经把自己的青春岁月，比喻成沙漠中不断前进的骆驼。只是匆匆走过，但从不留恋，也不后悔。“生命中的每一个瞬间我都做了最佳的选择，我对自己的决定从不后悔。”在父母相继遇难之后，朴槿惠对众人说：“现在，我根本没有心思考虑爱情这件事，更不可能结婚。”

尽管在众人面前，朴槿惠表现得十分坚强，甚至有些冷血，但是她毕竟还是一个有血有肉的女子。每次在路上看见那些恩爱的情侣，内心都会激起一丝涟漪，既又羡慕也有无奈。“或许正是因为没有经历过那样的人生，所以才会觉得更加可贵。”朴槿惠羡慕那些头发斑白却依然像初恋情侣的夫妻，他们的爱情总是能触碰到她心中最柔软的地方。

不过，朴槿惠依然保持着对爱情的向往。在日记中，她曾经这样写道：“昨天看了一档《世界儿童新貌》节目，一个正在劳动的土耳其少女出现在画面中。主持人问她有什么梦想，她说希望17岁的时候就能嫁人，并且一辈子都不离开田间劳动，一直种田、采棉花。这句话深深地触动了我的内心，她所憧憬的生活对我来说简直就是一个遥不可及的梦想，我只能站在此处羡慕她所拥有的幸福。”

如果说频繁的家庭变故让朴槿惠不愿接受爱情，那么弟弟的婚姻之路则让她对感情失望透顶。2004年12月，弟弟朴志晚结婚。新娘徐香嬉是一位律师，比新郎小16岁。结婚后10个月，孩子出世了。由于家庭压力大增，朴志晚多次吸毒，试图缓解压力。爱情没有让这个家庭变得幸福美满，反而让弟弟走上了不归路。这让朴槿惠非常寒心。

从一个对爱情怀有憧憬的少女，到不相信感情的“冰公主”，这种变化可谓翻天覆地。朴槿惠对感情的怀疑，是对生活经验的一种总结，她抛却了作为女人特有的感性，朝着更为理智、冷静的方向发展。毕竟，朴槿惠不是一个在家庭中相夫教子的女人，她是韩国的总统，背负着一个国家的期望。

真诚的感情能够给人带来温暖与幸福，不忠或另有所图的感情却隐藏着背叛和伤害。一个女人纵然难以如朴槿惠一般，如此理性地面对感情，但也应该擦亮双眼，看清楚心中所爱到底是不是那个对的人。

“遇见你时，我从未想过你会离开。多年来，谢谢你默默地带给我许多关怀，任我耍赖任性都不离不弃。希望你此生此世陪着我，不离开。”这种情话，这种状态，是每一对情侣所向往和期盼的，但是又有多少人坚持到最后？

真正的爱情不需要多么华丽的告白，长长久久的陪伴最可靠，也最令人期盼。在两个人的世界里，不必过分追求华而不实的东西，能够从平淡而长久的陪伴中感受到那份美好，自然能获得幸福。

对女人来说，在感情的世界里学会保护自己，多一点理智和清醒，避免受到欺骗和伤害，比什么都重要。你可以义无反顾地爱他，但也别忘了爱自己，对自己好一点。

亲情比爱情更重要

不同的人对“幸福”有着不同的定义，无论一年中的春夏还是秋冬，无论一生中的童年、中年还是老年，不同的时候呈现着不同的样子。唯一不变的是，幸福一直陪伴在我们身边，不离不弃。

朴槿惠是一个理智、清醒的女人，她对爱情有着深深的怀疑，不轻信，不涉足，至今与爱情无缘。然而面对亲情，在与弟弟、妹妹的相处中，“冰公主”又发自内心地流露出了一种温情。

尽管一生未婚，没有丈夫，没有孩子，但是朴槿惠并不孤单，因为她有亲人。对朴槿惠来说，和自己关系最亲密的就是弟弟朴志晚和妹妹朴槿令。他们俩最让姐姐操心，因为总是招惹麻烦。

刚搬到青瓦台的时候，姐弟三人还是懵懂的小孩子，显得亲密无间，每天玩得不亦乐乎。青瓦台的四周环绕着坚不可摧的围墙，他们平时不能出门，只能在院中玩耍。但在他们眼里，院落里的小草坪比外面的任何一个公园都要热闹。

在朴槿惠珍藏的家庭相册中，有一张是姐弟三人坐在草坪上的合影，照片上的笑容就像阳光一样灿烂。弟弟和妹妹似乎在说悄悄话，而朴槿惠则笑吟吟地凝视着他们。

父母相继去世后，朴槿惠扮演起了母亲的角色，三个人回到了新堂洞的家里。虽然还是以前的家，但是这里失去了往日的温馨，姐弟三人变成了没有父母的孤儿。朴志晚孩子气很浓，似乎永远长不大，缺乏姐姐身上的那份坚强。面对家庭变故，他因为遭受打击一度消沉，甚至多次聚众吸毒，被扣押在监狱中。

2004 年，朴志晚迎来了生命中的一个转折点，他与律师徐香熙结婚了。婚礼当晚，他带着妻子来到父母的坟墓前悼念，禁不住痛哭流涕。他表示，从今以后一定痛改前非。第二年，徐香熙生下了一个男婴，给残破的朴家续上了香火。

朴槿惠听到这个消息后，立刻放下手中的工作，打车来到医院探望。她抱起小侄子，开心地说:“如果父母都健在，一定会很高兴，这是上天赐给我们朴家的礼物。”

妹妹朴槿令毕业于首尔大学作曲系，是个充满艺术天分的女孩子，平时不喜欢受到拘束，向往自由自在的生活。1982 年，朴槿令结婚了，丈夫是企业家的侄子，但婚后不久便分道扬镳。2008 年，她与申东旭结婚，但这段婚姻并不被姐姐和弟弟祝愿。

在朴槿惠看来，这段婚姻并不是建立在感情基础上，申东旭完全出于政治目的。受此影响，姐妹两人的关系也逐渐疏远，甚至在政治上互相对立。在 2008 年的议会选举中，朴槿令公然与朴槿惠唱对台戏，而申东旭竟然在朴槿惠的社交网站上以个人名义留下了诽谤性言论。

虽然与弟弟、妹妹的关系一波三折，但是在朴槿惠的心目中，亲情永远是无法放下的东西，甚至比爱情还重要。爱情似酒，令人沉迷，虽然美好，却存在着欺骗和背叛，极易伤人。亲情如水，品之无味，它虽然平淡，却又是人生存必不可少的。朴槿惠深深明白这一点，因而用一颗真诚的心，以长姐的姿态关爱着弟弟、妹妹。

1989 年，朴志晚因吸毒被拘押，朴槿惠不拯救也不探视，被妹妹指责为冷血。其实妹妹又怎么能明白这份苦心呢?“反者道之动”，朴槿惠深知，事情发展到极端，就会走向另一个极端，她相信弟弟能够拯救自己，因而没有试图营救。

朴槿惠无儿无女，没有丈夫，她仅有的亲人就是弟弟朴志晚，妹妹朴槿令。纵使表达爱的方式与常人有异，但谁都无法否认她对弟弟妹妹的关心。在朴槿惠看来，亲情是生命中重要的精神寄托，永远不可丢失。这是她对生活的总结，是经历了许多波折之后得到的生命真谛。

生活中，许多人会与亲人发生矛盾，甚至因为无法调和而大打出手。有的女人将爱情看得很重，甚至不惜与家人反目。这些做法都值得警惕。亲人，本该是最亲密的人，何苦任由误会放大，伤了彼此的心呢？

亲人，永远是你无助时最温暖的避风港。因而，尽可能给亲人多一点关心，多一些宽容……不要在将来某个时刻，后悔自己现在的所作所为。

生活中，我们无时无刻不享受着亲情。新生儿呱呱坠地，首先享受到的是父母之爱；长至成年，又能够感受到兄弟姐妹的手足之情；当曾经的孩子升级为父母，通过对下一代的关爱，又能深切地体会到骨肉之情。可以说，亲情，伴随着每个人的一生。

林肯曾说："大部分的人在决心要变得幸福的时候，就会有那种幸福的感觉。"在这个世界上，有许多东西可以让人感到满足，但是仍然有很多人在抱怨生活的不如意。如果多想一想离你最亲近的人，你会感觉到应有的幸福。

人世间最稳固、最温馨的关系，非亲情莫属。亲人，是永远的港湾。在外遇到大风大浪，当生活中的艰难令你寸步难行，当爱人、朋友都背叛了你，回头你会发现，亲人永远坚定地站在身后。

成长的不仅仅是年龄

人生就像一坛酒，时间越久越香醇；经历的越多，内心沉淀的智慧也越多。在岁月的历练中，成长的不仅仅是年龄，还有一颗体察万物的心，一个愈加高尚的灵魂。

随着年龄越来越大，朴槿惠的脸上也开始出现岁月的痕迹。她长得越来越像去世的母亲，这令她十分高兴。此时，面对纷繁复杂的事物，她都能坦然面对了。多一分宽容，少一分责难，这种心态的变化，是来自年龄的礼物。

朴槿惠认为，在政治舞台中，很多人拼尽全力要争取胜利。但是，与胜利的桂冠相比，宽容的心态更加重要。因为这是胜利者应有的姿态，对胜败不放在心上，宽容地看待一切。年龄给予朴槿惠最好的礼物是，学会了在痛苦中成长，笑看苦难。面对流逝的青春，她没有惋惜和遗憾，也从不后悔，活在当下就是最大的幸福。

有一次，朴槿惠到街上采购生活用品，来到一家夫妻俩经营的小店。从凌晨开始，夫妻二人就开始忙碌起来，先生来回搬运货物，妻子则在一旁心疼地递上毛巾和温水。眼前简单朴实的生活场景让朴槿惠感动不已。

通过谈话得知，他们依靠自己的力量买房，供孩子念书，还要为自己的将来打算。尽管每天的生活忙碌而辛苦，但是因为心存美好的梦想，所以一切付出都是值得的。看到这些普通人都在为生活不断努力，朴槿惠觉得全身也充满了力量，整个人为之振奋。

有时候，朴槿惠在街头看见一对夫妻抱着孩子，一家人其乐融融的场景十分美好。或者看到那些满头白发的老人手挽手散步，充满爱意的眼神也令人感觉到温暖。虽然孑然一身，无法享受到同样的美好，但是朴槿惠却能从他人身上感受到这份温情，为平常的生活增添了一抹亮色。

在他人的幸福中，朴槿惠也能快乐起来。她珍惜每一天，每一分，每一秒，在平凡的日子中收获无穷的乐趣。幸福来之不易，一定要努力争取；更重要的是，用一颗平常心感悟平淡生活的甜美。这一切，显然都是时间赐予朴槿惠的生活智慧。

人生经历本身就是一笔财富，生活会赐予你点点滴滴。随着年龄增加，朴槿惠对生活有了更真切的感悟，内心也沉淀了对幸福的理解。她感谢年龄给予自己的成熟，心灵在岁月的磨练下愈加强大，能够随时迎接生活中的任何挑战。

从一圈圈的年轮中，可以看到树的成长痕迹。而人的成长却没有这么明显的标志，岁月的恩赐都沉淀在心里，是心灵的成熟，以及对幸福的感知。

朴槿惠经历了少年时公主般的青瓦台生活，又遭遇了父母先后被害的痛苦经历，最后怀着悲痛的心情，带着年幼的弟弟妹妹离开曾经的家，离开政坛，重新开始新生活。多年以后，她重新回归公众视野，步入韩国政坛，成为最高领导人。这曲折艰险的历程，朴槿惠一步一个脚印走过来，岁月的痕迹爬上她的眼角，但年龄却不是衡量她成长的唯一标尺。

多年的生活历练，朴槿惠成长的不仅仅只有年龄，更有博大的胸怀。小时候，朴槿惠还没有想那么多，只是想做自己喜欢的事情。但是经历了重大变故，她开始明白自己肩负重任，必须有所担当。渐渐地，她将整个韩国的命运装在心间，时刻为祖国担忧。心怀天下的胸襟让她的目标更加明确和坚定，这也成为她的一种精神力量。无论遇到任何困难，这股力量都支撑她坚强地走下去。

朴槿惠重归政坛之路走得并不顺畅。与李明博竞选之前，她就遭到了韩国“男尊女卑”传统思想的打压，很多人劝她放弃竞选，但是她心系国家，断然拒绝了这样的建议。她就像一棵挺拔的大树，高耸入云，让其他竞选者仰望。

也许在别人眼里，朴槿惠忙于政治活动，在一年又一年的忙碌中耽误了自己的婚姻大事。但是在朴槿惠看来，“成长”不在于年龄，只要心中有追求，人生就不会暗淡无光。

米兰·昆德拉说：“人类一思考，上帝就发笑”。我们赤裸裸地来到这个世上，经受酸甜苦辣各种滋味，当自己终将老去，回望一步步的磕磕绊绊、一次次的喜怒哀乐，又会感觉无限幸福和释然。

人生际遇反复无常，不幸常常发生在瞬间，让人措手不及。面对不尽如人意的剧情，还需秉承“不以物喜，不以己悲”的精神，淡定去接受眼前的一切。许多时候，用豁达的眼光看待身边的人和事，心中就会有喜悦。

如果你仔细观察就会发现，每个屋檐下都有被命运无情摧残的人，他们被生活、命运无情地捉弄，内心苦闷，有的人在自怨自艾中沉沦，但是也有人打起精神，放低姿态接受一切，将内心的遗憾渐渐抹掉，重新找回快乐的自己。

生活中的许多人和事，有时无法分得清清楚楚，想得明明白白，但是只要有一颗博大的胸怀和乐观的心境，平日里的烦恼就无法侵扰你，困难也无法击垮你。

绝望中寻找到精神的慰藉

当你感觉到孤单，又无心融入热闹的人群中，与其怏怏不乐，沉浸在失落之中，不如找来一本好书、一部经典的电影，用一杯清茶相伴。在短暂的宁静中，寻求生活的哲理，如此便能轻而易举地排解孤寂之感，享受精神的充实。

多年来，朴槿惠一个人生活，不免有些孤单落寞。在内心深处，她并不觉得空虚，因为自己有精神上的慰藉。在最绝望的时候，一本《中国哲学史》帮助她走出了困境，获得了内心的安慰和平静。

与西方哲学讲究逻辑和论证不同，东方哲学更看重领悟。冯友兰先生是中国最具代表的哲学家，他的《中国哲学史》蕴含着做人的道理和战胜人生磨难的智慧。这让朴槿惠领悟到了应该如何正其身，以及如何正直而善良地活着。

读《中国哲学史》的时候，朴槿惠把每个能引起共鸣，令自己有所感悟的句子都写在笔记本上，从含蓄的文字中找到真理并深深地刻在心里。"最佳的修身之道是不矫揉造作，顺其自然。这就是道家的无为、无心"，"推己及人，即为仁"，"坐密室如同行，驭寸心如六马，可以免过"，"读中国哲学，难在暗示处，妙也在暗示处"。

对于父亲遭遇的暗杀事件，朴槿惠也能用中国儒学的思想来分析，宽慰自己受伤的心灵。"'躬自厚而薄责于人，则远怨矣。'责之急，怨之深，父亲之刺，大概因由于此。”在朴槿惠的日记里，随处可以看见中国哲学对她的影响。多年以后，她还会偶尔翻开以前的笔记本，回忆当时的感受，获取新的智慧。

对朴槿惠来说，在哲学的海洋里畅游领悟到了平凡而珍贵的道理：所谓的情爱和金钱、权力都不过是身外之物，就像刹那间烟消云散的灰烬，转瞬即逝，只有政治的人生才是最有价值的。

读完《中国哲学史》以后，朴槿惠恢复了内心的平静，明白了很多以前不理解的事情。此刻，她知道人生并不是与他人斗争的过程，而是与自己斗争的过程。如果想获取胜利，必须坚定内心，控制住过度的情感和欲望。

就任韩国总统以后，朴槿惠依然保持着简单朴素的生活方式，在衣食住行上毫不将就，严格遵守道家的养生学说，常年保持不超过 26 英寸的腰围。朴槿惠为人寡言少语，但说出来的话总是入木三分，令人钦佩。生活上，朴槿惠总是保持和蔼可亲的模样，但又秉持“君子之交淡如水”的原则。她信奉中庸之道，认为凡事都不能走极端。

可以说，中国哲学成了朴槿惠的精神依靠，让她不必因为孤单的生活而产生落寞之感。哲学既让她走出了困境，也帮助她迎来生命的转机，成为韩国历史上影响最大的总统。

在人们眼里，哲学是深奥的，读起来十分枯燥，因而对它望而却步，也就无法体味其中的生命智慧了。生活中的厄运让朴槿惠几乎绝望，是哲学让她对灾难有了新的认识，找回了内心的平静。她虽独身，却并不孤独。

哲学世界其实并不枯燥，与无法探测的感情世界相比，哲学显得颇为单纯。因而，女人应该读点儿哲学，追求一些精神享受。闲暇之中，静坐于夕阳之下，一杯苦茶，捧一本智慧的哲学经典，将心思沉淀，细细品读，体味生命的真谛。或许最开始时，你会觉得晦涩难懂，但久而久之，当你读懂了它，并乐于沉浸其中，就会发现它对生活大有裨益。

哲学似一杯醇厚的酒，入口并不如那些甘甜的饮料，但品尝过后，余味绵长。中国哲学能够成为朴槿惠的精神慰藉，陪伴她，指引她，道理就在于此。

生活中，不要一味凭借狂欢与人群来缓解心中的孤独感。有时候，空虚和落寞源于精神的匮乏，需要精神的慰藉。像朴槿惠那样学点哲学，不仅能填补精神上的空缺，还能获得生活的智慧，简直是人生一大乐事。

朴槿惠说："人这一生难免会遭遇大风大浪，坎坷和困苦难以避免，就像天气一样，你不可能永远过着风和日丽的日子。冷热交替，寒来暑往都是不可改变的事实……无论遇到怎样的状况，人都要坚持自己的本色，决不能失去自我。扪心自问，如果自己所做的事不违背良知，那么就能泰然自若地去行动。只有做到问心无愧，才敢放手去拼搏。"

当孤独无法排解，试着去寻求精神上的慰藉，追求更高层次的人生感悟。当你将哲学融入生活，你会发现，曾经在不经意间出现的孤独感已不复存在，心境早已平复，而幸福也已经悄然降临。

莎士比亚曾经说过："聪明的人永远不会坐在那里为他们的损失而悲伤，却会很高兴地去找出办法来弥补他们的旧创伤。"人的一生中充满着不幸和烦恼，你无法逃避，也不能左右它们，唯一可以选择的是勇敢，让错误和烦恼"到此为止"。及时让不良情绪终止，不再左右你的心情，这种强大的情绪掌控能力是获得幸福快乐的密码。

不忘初心，方得始终

人生各异，对幸福的理解也各不相同，然而人们渴望得到幸福的心情却惊人地一致。家庭和睦、儿女健康、夫妻恩爱，这是大多数女人心中的幸福。还有的女人希望家庭、事业两不误，开辟自己的一片天地，亦或是实现远大的理想，站在人生巅峰……

幸福的形式千千万万，但实现幸福的方法只有一种，那就是比别人更勤奋一点。泰勒曾说，懒惰无异于将一个人活埋。一个人在生活中处处懒惰，那么美好幸福的生活注定与他无缘。

母亲从小就教导朴槿惠,“早起的鸟儿有虫吃”。也正是凭借这句话，她一直努力奋斗，从不让自己成为一个懒惰的女人。在朴槿惠的心目中，做人做事的原则就是“比别人更勤奋”。为了在最短的时间里完成更多事情，只有提高办事效率。而且朴槿惠相信，只要多处理一件民事申请，国民的麻烦就会减少一件，过得更加幸福。

韩国政坛是男人的世界，女人如果想站稳脚跟，必须付出加倍的努力。回顾历史上那些成功者，很多人都是因为开拓了未知的道路而名垂千古。正是因为比别人更能坚持，他们才取得了非凡的成就。朴槿惠不愿做懒惰的鸟儿，因为她是一个充满了理想抱负的人。她有独特的想法，决心通过不懈努力开创一条发展之路，让所有国民享受到幸福生活。

朴槿惠的勤奋努力绝不是为了自己，而是为了心里始终牵挂的韩国国民。不管在代理“第一夫人”时期，还是当上韩国总统以后，她一直在告诫自己“决不能偷懒”。她知道，只要自己稍一松懈，国民就要遭遇麻烦。

在日记里，她这样写道:“在我的人生中有三样珍宝，这些都是无价之宝。第一，是我政治明朗的真心；第二，是我能给周围人带来平安祥和；第三，让我每天都过得勤奋踏实的时间。在这个世界上，不能达成心愿无所谓，但是这三样珍宝绝不能失去。”

日常生活中，勤奋已经成为朴槿惠的一种习惯。幼时母亲的谆谆教诲，成长中的实践，都让她深刻体会到了勤奋付出才会有回报。因而，成为韩国总统以后，她抓紧每一分、每一秒，投入到建设新韩国的工作中去，一步步朝着理想迈进。

生活中，人们在追求幸福的道路上都有过梦想，然而最终实现梦想，真正获得幸福，没有几个人。时间的流逝带来了太多的变数，让原本处于同一起跑线上的人有了高低上下的分别。成功或失败，幸福或失意，在很大程度上取决于人的勤奋程度。勤劳的人是少数的，懒惰的人是多数的，体现在生活中便是平凡者居多，佼佼者甚少。

鲁迅先生曾说:“哪里有什么天才，我是把别人喝咖啡的功夫，用在了工作上。”发明家爱迪生也说过，“天才是百分之一的天分和百分之百的努力”。天才与庸者的本质区别，不在于天分的高低，而在于是否勤奋。

一个人如果把一切闲暇的时间都用在工作或自己热爱的事业上，他又有什么理由不成功呢？朴槿惠从幼时开始，就将勤奋作为自己的座右铭。她时刻提醒自己，克服懒惰，用勤奋得到自己想要的幸福，给众多女性树立了榜样。

幸福，就是比别人更勤奋一点。现实生活中，许多女人追求的幸福并不是拥有轰轰烈烈的事业，她们渴望的是平凡安定的生活。然而幸福生活也需要物质的保证，依旧离不开勤奋的创造。

我们应该为那些勤奋做事的女人鼓掌，她们把平凡的工作当做一项伟大的事业，努力完成交付的任务，不因别人的懒惰而减慢速度。这样的人在每个城市、村庄、小镇，在每个办公室、公司、工厂，都会受到热烈欢迎。

其实，惰性不止存在于工作中，还潜藏在整个人生的方方面面。有些人对自己没有任何规划，因为放任自流落得平庸一生；有些人习惯面对脏乱的房间，卧室里衣物随意堆放，从不打理，到后来生活品质越来越差……这些都是惰性的表现。

可怕的是，有的人甘于被惰性这种负能量控制着，并习惯了拖延、散漫的生活，似乎并不觉得有何不妥。殊不知，惰性偷走了青春，破坏了人生蓝图，让人丧失了斗志……最终，毁掉的是整个人生。

研究发现，被惰性束缚的人意志薄弱。每当惰性来袭，他们无力抵抗，只能任由散漫的心性奴役人生、吞噬激情。久而久之，他们变得消极、平庸，终其一生都碌碌无为。相反，一个意志坚定的人懂得克制惰性，并勇敢与之对抗，始终坚守内心的理想。

迈向成功的第一步，是学会克服懒惰。比别人更勤奋一点，再努力一点，你会发现生活会有很大改变，人生竟会如此不同！

最平凡的也是最幸福的

幸福是什么？世界上没有一个标准的答案，而每个人对幸福的理解也不一样。有的人认为声望与权力意味着幸福，有的人认为拥有金钱就是幸福。殊不知，人们在追求名利和金钱的过程中也会为其所累，甚至没有丝毫快乐。而有的人看似拥有得很少，但他们很知足，总是能够在平凡的生活中收获幸福，这样的人生反而很圆满。

身为韩国最高领导人，朴槿惠在众人的注视下，生活在闪光灯中，过着被人簇拥的生活。对很多人来讲，这样的生活是绝对不平凡的。由于复出政坛之后，朴槿惠承担了国家交予的使命和责任，这注定了她无法过上平凡的生活。但是在她心里，一直都有一个梦想，那就是像普通人一样享受每天的好时光。

朴槿惠出生在总统之家，从小就备受瞩目，小小年纪就有超出常人的冷静和沉稳。每次和小伙伴一起玩耍的时候，她都羡慕众人能够无忧无虑地欢笑。她多么希望自己也能出生在一个平凡的家庭，过着平凡的日子，然后嫁人，享受相夫教子的平凡生活。尽管编织的梦想如此简单，但是却从未实现过。

在青春的岁月里，朴槿惠从未谈过一次恋爱。大学期间就要承担起相应的政治责任，开始为国家勇往直前。她就像一头沙漠中的骆驼，默默地度过了年轻的时光。面对这样的生活，尽管朴槿惠有些不甘心，但是没有任何怨言。与政治的接触，让朴槿惠失去了享受平凡生活的机会，也给她拉开了人生另一张大幕。

终于，朴槿惠有机会过上一段平凡而简单的生活。为了抚慰心中的伤痛，她在父亲去世后隐居山林。那段日子没有外人打扰，朴槿惠度过了人生中最平凡，也最幸福的一段时光。

闲暇的时候，她去各地旅游。日记里留下了这样的记载："在清泠浦中行走，时光仿佛倒退了数百年。我感受这山林间的鸟语花香，与过去行走过这里的人轻声地交谈。独自的行走让我感受到生活的平凡，也体味人生最珍贵的幸福。这样的美好感受，让我心中的烦闷一扫而光。"

日子虽然过得平淡，但是却显得真实而幸福，这便是一个渴望平凡的女孩最真切的想法。在远离尘世的那段时间里，没有勾心斗角，没有阴谋诡计，可以做任何自己想做的事情，这世间还有什么比这更美丽幸福呢?

内心的平和，是朴槿惠长久以来孜孜以求的。当她在电视上看到来自库页岛的同胞们结束对祖国的访问，在机场与亲戚挥手告别的动人画面时，不禁泪流满面。如果心中有一个能让你时常挂念的人，有一个让你感受到幸福的人，是多么的珍贵。人们总是追求跌宕起伏的人生，然而平凡才是生命的底色。

平淡是生命和生活的主色调，当我们以一种简单的心态去平平常常地生活时，就会发现平淡无奇的深处也蛰伏着惊人的美丽：那湛蓝天空中飞过的一只白鸽，那夏夜荷塘里的惊起一声蛙鸣，那月亮下的花影，那路灯下的流浪狗，那菜市场的人声鼎沸，那厨房里的锅碗瓢盆，无不令人怦然心动。

真正的快乐与财富、地位、权力没有直接关系。恰恰相反，过分追逐名利、陷于繁杂的事务会令人情绪失衡、身心疲惫，终日与烦恼为伴。保持良好心境与合理欲望，把烦恼抛在脑后，平日里大部分负面情绪会随之化解，整个人也会变得轻松自在。

人们总是在苦苦寻觅幸福，却不知道幸福其实就在我们身边。罗曼·罗兰说得好："一个人幸福与否，决不依据他获得了或是丧失了什么，而只能在于自身感觉怎么样？"有些人看起来一定会很幸福，但是她的心终日被功名利禄所累，始终觉得不痛快；有些人拥有的似乎很少，但是她非常知足，能从一朵花中感受到蜂蜜的甘甜，能从一片落叶中领悟到秋景的美妙，这样的人生令人向往。

有的人认为生活不能风平浪静，否则人生就像一潭死水，毫无生机；然而他们忽略了一家人团聚、共享晚餐也是一种幸福。有的人认为爱情必须轰轰烈烈，必须要有惊天动地的求婚，海誓山盟的约定；然而他们忽略了一次简单的约会也是一种幸福。有的人认为事业必须惊天动地，否则不能体现人生的价值。然而他们忽略了做一份普通的工作，在简单的岗位上发挥自己的才能也是一种幸福。

人往往在经历了大风大浪，大起大伏之后才会爱上平淡的生活，才会懂得体会平凡的美好。女人应当学习朴槿惠对待生活的态度，学会以一种简单的心态去面对生活，体会平凡的日子所带来的幸福快乐。拥有一份恬淡的心态，能从容面对生活的不如意，发现更多美好的东西。

请记住，平凡的生活才是生命的主题，千万不要因为奢华的欲望迷失了自己。当你用一种简单的心态面对生活中的起起伏伏时，就会发现任何看似平淡无奇的事物下面都隐藏着惊艳四射的美丽，最平凡的就是最珍贵的。

附录 1　朴槿惠年表

1952 年，生于韩国大邱市。

1953 年，搬到汉城居住，后来就读奖忠小学校。

1961 年，朴正熙发动军事政变上台，以“第一女儿”身份入住青瓦台。

1967 年，毕业于汉城圣心中学校。

1970 年，毕业于圣心高等学校。

1970 年至 1974 年，就读于韩国西江大学电子工程系，获理科学士学位；在法国格勒诺布尔大学进修。

1974 年，母亲陆英修遭刺杀，匆匆结束法国留学生涯回国，代行“第一夫人”部分职责。

1974 年至 1980 年，任韩国女童子军名誉总裁。

1979 年，父亲朴正熙遇刺身亡，被迫远离政坛，销声匿迹 20 年；同年出版著作《心之新路》。

1987 年，获台湾中国文化大学名誉文学博士头衔，并曾于该校研修“最高产业战略课程”。

1993 年，任韩国文化财团董事长，同年出版著作《如果我生在平凡的家庭》。

1994 年，任韩国文人协会会员。

1997 年，加入韩国大国家党。

1998 年 4 月，在其父朴正熙的出生地——庆尚北道和大邱赢得中期选举，当选国会议员。

1998 年，出版著作《将苦难当做朋友，将真实作为航标》、《一大把，一小点》。

1999 年，出版著作《我的母亲》。

2002 年，赴平壤访问，受到朝鲜最高领导人金正日接见。

2004 年，任第 17 届国会议员，国会国防委员会委员，国会行政自治委员会委员，国会环境劳动委员会委员，两度当选大国家党代表。

2004 年至 2006 年，担任大国家党最高委员。

2005 年 5 月，2006 年 11 月，来华访问。

2006 年 5 月 20 日，在首尔遭到暴力袭击，右脸被文具刀割伤。

2006 年 6 月，辞去大国家党党首职务。

2006 年 6 月 11 日，正式宣布竞选大国家党第 17 届总统候选人。

2007 年，对当年社会活动分子遭到不良对待，表示遗憾；出版著作《人与人》。

2007 年 6 月，宣布竞选韩国总统。

2008 年 1 月，作为韩国候任总统李明博的特使，再次来华访问。

2008 年，任第 18 届国会议员，国会保健福祉家族委员会委员，国会企划财政委员会委员。

2011 年 12 至 2012 年 5 月，任新国家党非常对策委员长。

2012 年 7 月 10 日，正式宣布将参加于 2012 年年末举行的总统选举。

2012 年 8 月 20 日，当选为该党第 18 届总统候选人。

2012 年 12 月 20 日凌晨，获得过半以上选票，成功获选韩国新一任总统。

2013 年 2 月 25 日凌晨，韩国首尔普信阁举行敲钟仪式，宣告韩国第 18 届政府正式成立。

2013 年 6 月 27 日至 30 日，访问中国，在演讲中使用汉语表达部分内容。

2015 年 9 月 2 日，朴槿惠来华出席中国人民抗日战争暨世界反法西斯战争胜利 70 周年纪念活动。

附录 2　朴槿惠就职演讲稿全文

尊敬的各位国民、700 万海外侨胞们：

我今天站在这里，满怀开创希望新时代的决心与憧憬，正式就任大韩民国第十八任总统。

感谢各位国民赋予我如此重大的历史使命，感谢出席就职仪式的李明博总统、各位前任总统，以及世界各国的恭贺使节和海内外来宾们。

作为大韩民国的总统，我将顺应民意，实现我国经济复兴、国民幸福、文化昌盛的伟大梦想，为建设一个国富民安的大韩民国而不懈努力。

尊敬的各位国民！今天的大韩民国是各位用鲜血与汗水孕育而成的。

各位以坚强的意志与魄力完成了我国工业与民主化建设，实现了伟大的历史变革。“汉江奇迹”的出现正是因为有你们，那些在德国矿山里，在中东沙漠中，在零下几十度的战争前线坚守的人们，千千万万为家庭与祖国奉献一生的我国国民。感谢你们！

尊敬的各位国民！在风云激荡的近代史中，大韩民国在苦难与逆境中奋发崛起，走向现代。然而当前全球经济危机余波未平，朝鲜核问题悬而未决，资本主义市场面临新的挑战。克服危机需要努力开拓新的道路，这谈何容易！但是我相信我们的国民，相信我国国民在困难时期所迸发出的坚强、勇气与活力。

让我们携手面对挑战，共同开创希望的新时代，创造我国“第二个汉江奇迹”！在希望的新时代里，个人的幸福推动国家综合实力的提升，而一个强大的国家则永远属于建设她的国民。

尊敬的各位国民！新一届政府将通过经济复兴、国民幸福、文化昌盛三大梦想的实现开创一个新的时代。首先，为实现经济复兴，政府将大力推进创造经济和经济民主化的建设。其次，为实现国民幸福，政府将进一步增加社会福利，确保人人老有所养、少有所乐。最后，在文化昌盛方面，将加强精神文化建设，营造一个文化气息浓郁的社会环境。

尊敬的各位国民！从今天起，我将正式履行大韩民国第十八任总统的职责。总统肩负着治理国家的重任，而国民是国家命运的真正主宰。希望各位国民与我一起，为祖国的建设献计献策。

新一届政府即将扬帆起航，国家发展与国民幸福紧密相连。唯有政府与国民相互信任、相互扶持，未来的路才能越走越好。我将全力打造一个公开透明、务实有为的政府，坚决维护民众对政府的信赖。

尊敬的各位国民！希望各位在做好本职工作的同时，对他人、对社会多一份温情与责任。这是我们不变的传统美德与民族精神，也是资本主义社会迷途中的指向标。

尊敬的各位国民！希望各位与我一起，与政府一起，共同开创希望的新时代，重现新时代的“汉江奇迹”！

2013 年 2 月

附录 3　朴槿惠清华大学演讲稿全文

尊敬的陈吉宁校长、教职员、清华大学的同学们：

大家好！

今天来到中国著名学府清华大学与大家见面，我十分高兴。

我见到各位清华大学的学子们，想起中国古籍《管子》中的一段话："一年之计，莫如树谷；十年之计，莫如树木；百年之计，莫如树人。"据我所知，清华大学的校训是"自强不息、厚德载物"。就像这个校训一样，通过不断进取、涵养品德的努力，清华大学培育出了包括习近平主席在内的许多政治领导人，并培养出中国数位诺贝尔奖获奖者。我相信，今后各位的想法和热情将会给中国开启美好的未来。今天我很高兴和大家一起谈谈韩中两国要共同开启的未来。

同学们，韩国与中国在数千年的历史中，共同进行了多样的文化和思想交流，所以在很多方面心思相同，文化相通。虽然，自 1992 年始，韩中建交仅仅 20 年，但是两国间友好合作的发展速度在世界上史无前例。在此期间，两国间贸易额增加了 40 倍，每天往返于中韩之间的飞机和船舶数量过百。两国大约 6 万名学生正在对方的国家中留学，在清华大学，就有 1 千 400 多名韩国同学们正在这里学习。

很多韩国国民从小就接触了《三国志》和《水浒传》、《楚汉志》等古典书籍和漫画书。因此，韩国人来中国观光的话，就像来到熟悉的地方一样具有一种亲近感。我以前也去过苏州，切身感受到了"上有天堂，下有苏杭"，那种亲切的味道令人印象深刻。

如易地思之、管鲍之交、三顾茅庐等中国成语，韩国人在日常生活中广泛使用。

韩中两国在短短 20 年之后，就如此迅速亲近，我想其原因也在于文化缘分的根深蒂固。这些共识才是真正可贵的，不是吗？昨天晚上，我出席了在北京召开的中韩友谊音乐会。韩国的 K-POP 歌手和中国的流行歌手们同台演出，看到两国的青年人在文化上融为一体，真让人感到开心。我读了很多中国先贤的书籍和文章，也很喜欢唱中国歌。我认为，这样通过文化的共识，才会真正使心灵变得亲近，并成为朋友。

同学们，我认为，现在的韩中关系更加成熟，并且还要发展丰富的伙伴关系。我走上从政之路，最重要的是考虑国民的信任，在外交方面也以“信任外交”为基础。两国人民之间、领导人之间如能加强信任，两国关系肯定会更加密切。我和习近平主席在 2005 年初次见面，当时他任浙江省委书记，见面时就“新农村运动”在内的很多问题进行了深入交流。

我通过此次首脑会谈，与习近平主席建立了深厚信任，以此为基础，今后将开展更有前瞻性的对话与合作。过去的 20 年间韩中关系取得了成功，新的 20 年的信任之旅程已经开始。

两天前，我与习主席共同签署了《韩中未来展望共同声明》，这是两国关系发展的远景路线图。

目前，两国政府正在进行关于自由贸易的协商。如果两国签定自由贸易协定，双方的经济关系将进入更加成熟的发展阶段，将为实现新的经济腾飞奠定基础，乃至成为东北亚共同繁荣和区域经济一体化的火车头。另外，两国还要加强在气候变化和环境等全球性领域的合作。

两国的年轻人已经自发开展了合作的事业。比如，“韩中未来林”就是双方民间团体和年轻人一起开展的项目，从 2006 年开始在内蒙古沙漠地区种植树木，至今共植树 600 万棵。

为了阻止中国内陆的沙漠化，减少沙尘暴，两国进行了良好的合作，今后这种合作模式，应该进一步扩大。

韩中两国拥有根深蒂固的文化财富和力量，在韩国兴起了汉风，在中国兴起了韩流，这些新的文化交流使两国国民的心更加接近，今后韩中美丽的文化之花将开得更加艳丽，并为人类带来更多祝福。

同学们，现在全世界都在关注着亚洲。包括韩国和中国在内的亚洲国家如果在多方面加强合作，会产生更大的协同效果。然而，目前包括韩半岛在内的东北亚局势非常不稳定。域内国家之间在经济上依存度增加，但围绕着历史和安保问题的矛盾和互不信任，导致政治、安保合作仍然不够。

我提出这个称为“亚洲悖论”的现象，目的是为了克服东北亚区域内国家间互信缺失的现象，增进和平与合作，创建多边安全机制。

“君子之道，譬如行远必自迩，譬如登高必自卑”。国家间也需要增进互信，共度患难，取得成效需要一个过程。

我认为，东北亚区域内国家可以从气候变化和环境、灾难救助、核能安全等软课题合作开始，以此逐渐增加信任。

而后，逐渐将合作范围扩大到政治、安保领域，在准备多边对话过程中需要这种信念。此次在韩中首脑会谈，讨论了“东北亚和平合作构想”这样的理念。

我期待，今后韩国与中国作为信任伙伴，将共同创造“新的东北亚”。

清华大学的同学们，我认为，真正实现东北亚和平与合作，最为紧迫的课题是创造一个“新的韩半岛”。

实现和平，落实南北成员自由来往，为创造安定、富饶的亚洲做出贡献，这是我勾画的“新韩半岛”的愿景。

我希望韩半岛发生真正变化。尽管现在韩朝双方没有从互不信任和对立的恶性循环中摆脱出来，但是我希望新的南北关系可以创造韩半岛。

做到这一点，最重要的是解决韩半岛和东北亚面临的和平威胁，并解决北韩核问题，让北韩成为对国际社会负有责任的一员是最重要的。

国际社会不会接受北韩拥有核武器，这是我所听到的国际社会的一致呼声。

为了挽救经济，必须与世界进行交流，吸收国际社会的投资。但是，世界上哪个国家想投资进行核开发的北朝鲜呢？正因为如此，北韩提出的核武器开发和建设经济并行的路线根本就是不可能的事，这是一条走向自我孤立的道路。

如果北韩放弃核武器，成为国际社会负责任的一员，走上这条变革之路，那么韩国会积极帮助北韩，整个东北亚将共同生存发展。如果实现韩半岛和平，南北韩人员自由往来，也将有助于包括东北三省开发在内的中国繁荣发展。

如此，消除了北韩问题地缘政治风险的东北亚地区，拥有丰富的劳动力和世界顶级资本与技术，将成为带动世界经济发展的“地球村增长引擎”，也将为各位的生活提供富有活力的、丰富的成功机会。韩国和中国的年轻人们一起来创造远大的未来吧。

在座的清华大学各位同仁，让我们成为伙伴，共同创造“新的韩半岛”和“新的东北亚”。

同学们，韩国和中国的江水在大海上相会。中国的江水从西向东流，而韩国的江水自东向西流，最终在西海汇合。目前，中国在习近平主席的领导下，向着中国梦奋力前进。韩国也向着国民幸福时代和为人类和平做出贡献的韩国梦迈进，韩国和中国正朝着“国民幸福”、“人民幸福”这一目标携手并进，中国梦与韩国梦是一致的。两个国家的江水在同一海域汇合，中国梦和韩国梦也紧密相连。

我相信，如果韩国梦和中国梦共同实现的话，新的东北亚之梦也可以实现。同时，韩国与中国的共同梦想是美好的，韩国和中国共同的未来也一定是光明的。

同学们，年轻的各位，在今后的生活中可能会遇到多种困难和挫折的考验。我年轻时期也历经艰辛和痛苦。

我的梦想是专攻电子工学，成为国家产业的骨干，但随着母亲发生意外，我的人生之路发生重大转折。父亲发生意外时，又经历了无限的痛苦和种种磨难。

为了度过艰难的时期，我读了很多哲学书和古典书籍，并将好的字句记在笔记本上，并仔细研习。同时，战胜痛苦并找回心灵的平和，帮我找到了人生的重要价值。

其中，记忆最深的文章之一就是诸葛亮写给儿子的关于学习和修养的相关文章。“非淡泊无以明志，非宁静无以致远”，其内容发自内心。在人生的艰难时期，这些话点醒了我。

人生一世，终归成土。既使享年百岁，在历史长河中也不过是短暂一瞬。因此，真诚地生活是非常重要的。既使经受艰难曲折，也要把真诚当成灯塔，即使面临绝望也是一个锻炼的机会。

诸位，无论碰到什么困难，都不要放弃梦想。随着一天天努力，行动构成了更远的未来，你会迈向更广阔的世界，勇敢地向希望前进。

最后，中国和韩国的年轻人，希望今后通过文化和人文交流，使两国间的关系更加密切，也祝愿各位有一个光明的未来。

谢谢。

2013 年 6 月 29 日

北京清华大学